知的生きかた文庫

知れば知るほど面白い宇宙の謎

小谷太郎

JN286713

三笠書房

はじめに

知らなかった宇宙に出合える本

晴れた夜、空を見上げれば、そこに宇宙が広がっています。

その姿は、人間が初めて空を見上げたときから、ほとんど変わりがありません。

夜空に輝く恒星は、同じ場所で同じように光を放っています。

けれども、夜空を見上げる人間の意識は同じではありません。

あの星の輝きは、核反応が源です。動かないように見える恒星《こうせい》は、じつはどんな乗り物より速く動いています。そうした謎が明らかになった現代に生きる私たちと、謎が謎のままだった先祖の時代では、同じ夜空を見上げても、感じ方が違うのです。

私たちの先祖が知りたくても知り得なかった宇宙の謎が解き明かされてきたのは、ここ100年くらいのごく最近のことです。ここ100年ほどで、私たちはまったく新しい望遠鏡を発明し、目には見えない天体を観測し、ロケットを開発して観測装置を打ち上げました。宇宙科学は急激に発展しました。すべては、私たちの祖先が夜空を見上げ、宇宙の謎を解明したいと願ったことから始まったのです。

- 宇宙に「果て」はあるのか？　ないのか？
- そもそも、宇宙はどのように始まったのか？
- 「最期」にどうなってしまうのか？

今日の宇宙科学の進歩により、宇宙はこれまで知られていなかった「劇的な姿」をあらわにしています。宇宙の究極の謎――「始まり」と「終わり」――が解明される日も近いだろう、と予想する研究者も出てきました。

今、私たちは、約1万年間の人類の歴史の中でも、138億年間にわたる宇宙の歴史の中でも、「奇跡」ともいえる特別な瞬間に居合わせているのです。

この本では、最新科学の成果を踏まえ、「宇宙の正体」に迫ってみたいと思います。

最新科学などというと、難しそうな印象を抱く人もいると思いますが、その根っここにあるのは、私たちが何気なく抱く「素朴な疑問」です。

たとえば、「秒速2000キロメートルで遠ざかる銀河がある」「宇宙の95パーセントは、見ることができない」「いずれ太陽は、ブラック・ホールではなく、巨大なダイヤモンドにかわる」などなど、最新のデータが明かすトピックスを、数多く紹介していきます。

もちろん、宇宙膨張、超新星爆発など、「宇宙の基本」もわかるようになっています。

宇宙についてあまり知識がない人も、すでに宇宙の本を何冊か読んでいる人にも、楽しんでいただけると思います。

それではこれから、宇宙はどんな姿をしているのか、どんな謎が残っているのか、この本で見ていきましょう。

さあ、準備はいいですか。

小谷太郎

『知れば知るほど面白い宇宙の謎』◇もくじ

1章 宇宙は、どのように始まったのか？

2章 じつは「太陽」も面白い謎でいっぱい!

5章

宇宙の「最期」はどうなるか？

編集協力　株式会社蒼陽社
本文ＤＴＰ　宇那木孝俊
本文イラスト　瀬川尚志

1章 宇宙は、どのように始まったのか？

[NASA/Richard Yandrick (Cosmicimage.com)]

01 ビッグ・バン――その瞬間、何が起きたか？

宇宙は138億年前、大爆発とともに始まった――。

現代の宇宙論では、そう考えられています。どんな音がしたか、聞いた人はいないので定かではありませんが、「ビッグ・バン」と呼ばれる大爆発です。日本語に訳すと「どっかーん」というところでしょうか。

しかし、そう聞いて宇宙の正確な姿をイメージできる人は少ないでしょう。いったい「大爆発」「ビッグ・バン」とは何のことでしょうか。

ビッグ・バン以前、宇宙はどうなっていたのでしょうか。

「ビッグ・バン以前には宇宙はなかった」「時間も空間も存在しなかった」まるで禅問答のようですが、これが多くの研究者の現在の考えです。

ではその138億年前の大爆発はどのように起きたのでしょうか。

燃料や火薬を燃焼させると、気化して高温ガスとなり、急速に膨張《ぼうちょう》します。その膨張速度が音速を超えると、衝撃波が生じて大音響が響きます。これが「普通」の爆発です。

一方、138億年前の爆発では、燃料や火薬に相当するものは、宇宙にあるすべての物質です。宇宙全体が高温・高圧の状態から急速に膨張したのです。

その宇宙最初の温度と圧力は極度に高い値です。どんな物質も融《と》け、原子までも耐えられずにばらばらに壊れてしまうような極限状態です。現在の宇宙には存在しないような超高温・超高圧です。もちろん人類の科学技術ではとても再現できません。

また、「普通」の爆発は、路上や海中や空中など、どこかある場所で生じます。私たちは爆発を外から眺めます。

けれどもビッグ・バンを外から眺めることはできません。路上や海中や空中に相当する「外」はありません。外の空間そのものが存在しません。

私たちはビッグ・バンの内側にいるのです。

そしてその爆発はじつはまだ進行中です。宇宙は138億年間、ずっと爆発しっぱなし、広がりっぱなしです

まとめると、ビッグ・バンは、次のような不可思議な特徴を持ちます。

・宇宙は138億年前にビッグ・バンで始まった。
・ビッグ・バン時の宇宙は、超高温・超高圧。
・ビッグ・バン以前に宇宙はなかった。宇宙の「外」のようなところもない。

宇宙論の研究者も、このような宇宙のイメージにすんなり到達したわけではありません。侃々諤々《かんかんがくがく》の議論を重ね、先端観測装置で宇宙を観測し、無数の仮説や理論を思いついては葬って、ようやく宇宙の理解にいたったのです。

そもそも、宇宙全体を数式に表わしてとりあつかう「宇宙論」という物理学が生

まれたのは、ほんの100年ほど前のことです。宇宙論は、アルベルト・アインシュタイン（1879－1955）という天才が発表した「相対性理論」に基づきます。

けれどもビッグ・バンという概念には、宇宙論創始者アインシュタインも抵抗を示しました。宇宙に始まりがあって現在も変化しつつあるという説に反対し、酷評しました。宇宙は無限の過去から変わらないと信じていたのです。

宇宙が今も爆発中であるという衝撃の事実が天文学者からもたらされ、ビッグ・バンの証拠が発見され、そうしてアインシュタインも多数の研究者も、138億年前の大爆発を事実として受け入れました。

この100年、宇宙論の分野では、それまでの常識をくつがえし、宇宙の認識を一変させる発見が数々ありました。

そして今後も確実に、宇宙がひっくり返り私たちの認識が一変するような発見がもたらされるでしょう。なにしろ宇宙論はまだ完成しておらず、ビッグ・バンが起きた原因という究極の謎を、人類はまだ知らないのです。

02 約500億光年より遠くは「原理的に観測できない」

宇宙について説明するにあたって、まず「銀河」とは何か解説しましょう。

夜空を眺めると無数の星がまたたいています。

この肉眼で見える星のほとんどは「恒星《こうせい》」です。つまり、私たちの太陽のような、自ら光を放って輝く巨大な天体です。

夜空の星には、太陽の光に照らされて輝く地球のような惑星や月もいくつかまぎれています。が、これらは恒星に比べて小さいし軽いし、宇宙論では無視してかまいません。

そういう無視できない恒星が、幾万幾億も寄り集まった群れが「銀河」です。

恒星が集まってできている銀河は途方もなく巨大な天体です。それが幾万幾億も夜空に浮かんでいるのですが、夜空ではもっと目立つ存在である恒星の何万倍も何億倍も遠方にあるため、肉眼ではほとんど見えません。望遠鏡で銀河を観察すると、ぼやっとした雲のようなかたまりに見えます。雲の微粒子はそれぞれ恒星です。

私たちの太陽も、ある銀河を構成する微粒子の一つです。私たちの太陽の属する銀河は、「銀河系」、あるいは「天の川銀河」と呼ばれる銀河です。「銀河系」とはなんだか没個性的でまぎらわしい名前ですが、これでも固有名詞です。

私たちの銀河系は、直径約10万光年もの大きさがある、恒星の大集団です。1000億個もの恒星を含む立派な銀河です。

1000億個の恒星というのはどれほどの数かというと、1秒に1個ずつ恒星を数え上げていったとして、夜昼休みなく数え続けて、3000年ほどかかってやっと全部数えられるくらいの数です。

そういう大量の恒星が集まって、直径10万光年ほどのレンズ形の群れを作っています。直径10万光年ということは、光の速度で旅して10万年かかる距離ということです。

光は秒速30万キロメートル、1秒に地球を7周半するとんでもない速さです。そのとんでもない速さで、1年365・25日走り続けた距離が1光年、すなわち9京キロメートルです。私たちの銀河系はその10万倍の大きさだということです。次から次へと大きな数字が出てきて眼が回りそうですが、宇宙の広さはまだまだそんなものではありません。

私たちの銀河系や、アンドロメダ銀河や、その他大小さまざまな銀河は、ぱらっと宇宙にばらまかれています。

アンドロメダ銀河は私たちの銀河系のおとなりといってもいいくらい近くに浮いていて、その距離はおよそ200万光年です。これでも衝突しそうなくらい近くです。200万光年で近いというのだから、遠方の銀河はどれほど遠くにあるのでしょうか。

銀河が散らばっているのが見える、観測できる宇宙の範囲は、半径約500億光

宇宙に散らばる無数の銀河

ハッブル宇宙望遠鏡で800回、のべ11.3日間の観測データを重ね合わせて得られた写真。極めて遠くの銀河も含む、1万個近くの銀河が写っている。

[NASA/ESA/S. Beckwith (STScI)/HUDF Team]

年です。その範囲内に、約1000億個の銀河が浮いていると見積もられています。

ここで、「観測できる宇宙の範囲」という、なんだか奥歯にものの挟まったような表現が出てきました。なぜ「宇宙の大きさは○○光年」とはっきりいわないのでしょうか。

そのわけはこの本でこれから説明しますが、じつは500億光年より遠くは原理的に観測できず、どうなっているかわからないのです。そこから先は宇宙が無限に広がっているのか、それとも有限なのか、それすらわかっていません。「原理的に観測できない」とは、どんなにすぐれた観測装置を使っても、どんなに観測技術が進歩しても、物理的に不可能だという意味です。

さてこれで、銀河という途方もなく巨大な天体が、途方もなく空虚な宇宙に散らばるさまを想像していただけたでしょうか。

03 「秒速2000キロメートル」で遠ざかる銀河がある

1929年、宇宙の概念を一変させる驚くべき発見がありました。

宇宙に散らばる銀河は、どれもこれも私たちの銀河系から遠ざかりつつあることがわかったのです。

この事実は、英国の天文学者エドウィン・ハッブル（1889－1953）によって発見されました。

これはいったい何を意味するのでしょうか。

ハッブルの発見を現在の理解で整理して、わかりやすい形で説明しましょう。

（発表当時の見方そのままではありません。）


遠方の銀河がどれも遠ざかっていることを確かめるためには、

① 銀河の速度を測る
② 銀河までの距離を測る

ことが必要です。この測定をなるべく多くの銀河について行なわないといけません。

銀河の速度を測る方法ですが、これには「ドップラー効果」が使えます。
ドップラー効果とは、近づいてくる救急車のサイレン音は高く、遠ざかるときには低く聞こえる現象です。音源の速度（近づいてくるか遠ざかるか）によって、音の周波数が変わるのです。

ドップラー効果は、音ばかりでなく光にもあてはまります。じつは救急車が近づくとき、その赤い警灯の光は、ごくわずかに周波数が高く、波長が短く、つまり黄色がかっています。遠ざかるときには周波数が低く、波長が長く、つまり赤外線に近くなっています。

けれども救急車の速度は（どんな緊急事態でも）光の速度よりもずっと遅いため、

警灯の光のドップラー効果は微弱すぎて検出できません。どんな鋭敏な測定装置でも無理でしょう。

救急車の速度程度では光のドップラー効果は微弱ですが、宇宙に浮かぶ銀河ならどうでしょう。

銀河の速度は大きいので、その銀河に含まれる恒星からの光にドップラー効果が生じます。そして、このドップラー効果による波長のずれから、銀河の速度が測れるのです。

ハッブルは望遠鏡を使い、銀河の速度を測定しました。すると、銀河のほとんどは私たちの銀河系から遠ざかっている、という結果が出ました（注1）。

同時にハッブルは、それらの銀河までの距離を推定しました。

銀河までの距離を測るのは難しく、現在でも、どの方法が信頼できるか、研究が続けられています。

ハッブルの方法は、「変光星」の明るさを利用するものです。

変光星とは、明るくなったり暗くなったり変化する恒星のことです。中でもセファイド型と呼ばれる種族の変光星は、暗くなったり明るくなったり周期的に変化することがわかっています。そしてセファイド型変光星では、変光の周期と明るさの関係がわかっていて、周期から実際の明るさを求められるのです。

ということは、これは銀河までの距離を測定するのに利用できます。銀河の中にセファイド型変光星を見つけ、その周期を測ると、明るさがわかります。そしてその見かけの明るさと比べれば、「遠くのものは暗く見える」という自然法則を使って距離が求められます。


そうしてハッブルは、銀河の後退速度（遠ざかる速度）と、その銀河までの距離の関係を調べました。すると、遠くの銀河ほど速い速度で遠ざかりつつあることがわかりました。2倍遠くの銀河は2倍の速さで、10倍遠い銀河は10倍の速さで遠ざかっているのです。

「ドップラー効果」って何？

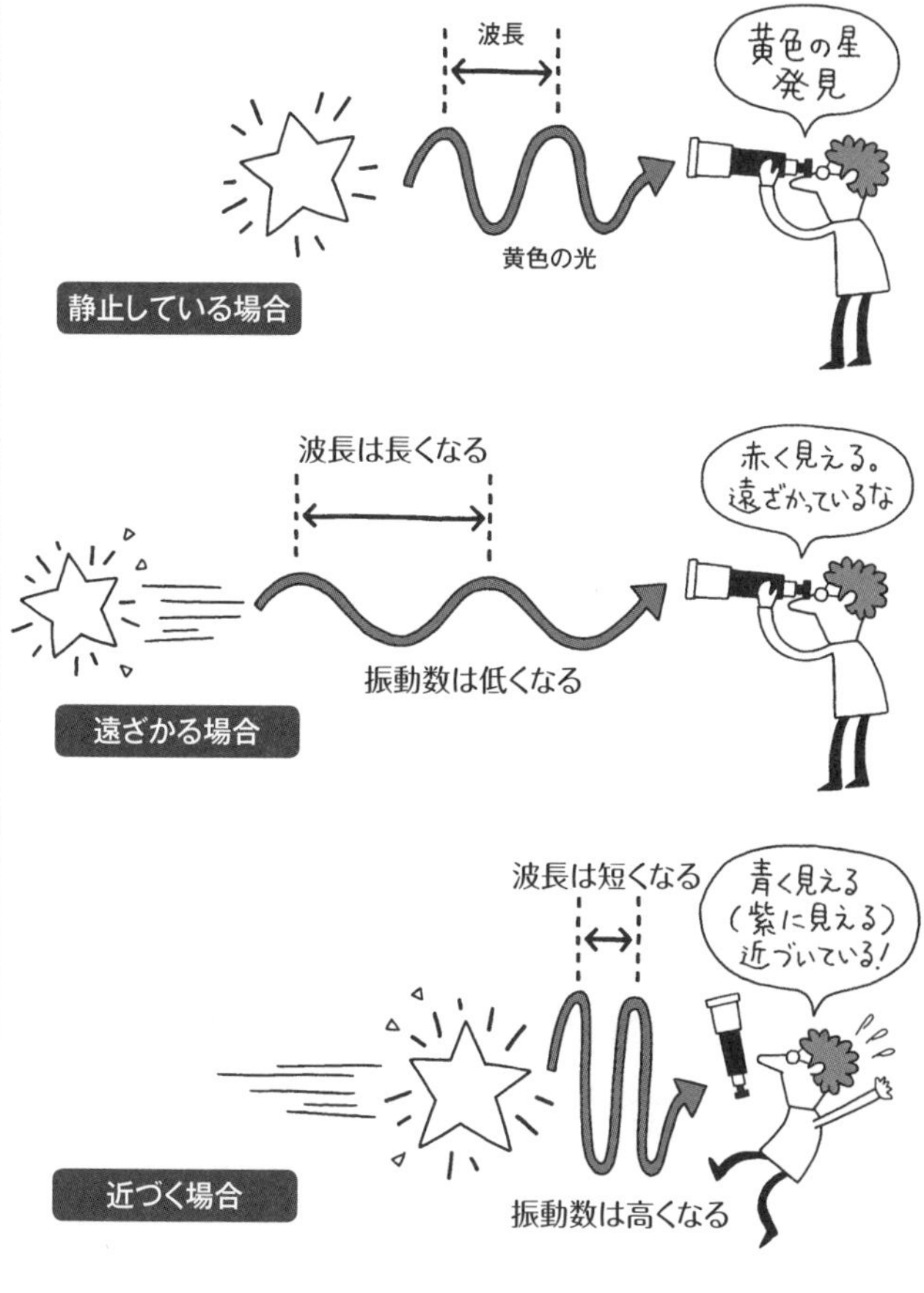
波長
黄色の星発見
黄色の光
静止している場合
波長は長くなる
赤く見える。遠ざかっているな
振動数は低くなる
遠ざかる場合
波長は短くなる
青く見える（紫に見える）近づいている！
振動数は高くなる
近づく場合

銀河の後退速度が銀河までの距離に比例するという法則は「ハッブルの法則」、その比例定数は「ハッブル定数」と呼ばれます。

最新の精密な測定によると、ハッブル定数は（67.3±1.2）km/s/Mpc、もうちょっとわかりやすい単位だと、1億光年先の銀河の後退速度は約2000キロメートル／秒ということになります。とんでもない速度です。

宇宙の銀河は蜘蛛《くも》の子を散らすように私たちの銀河系から逃げ去っているのです。遠くのものほど速い速度で。

注1 銀河はいっせいに遠ざかる運動に加え、個別に上下左右や前後に運動しています。この乱雑な運動がたまたまこちら向きで近づいてくるものもあります。

04 宇宙は言ってみれば「伸びるオセロ盤」?

「銀河は距離に比例した速度で遠ざかっている」

このハッブルの法則から、私たちはいったいどういうイメージを描けばいいのでしょう。どこを向いても、遠ざかる銀河が見えるということは、なんだかここが特別な場所、私たちの天の川銀河が宇宙の中心のような感じがするかもしれません。

しかしそれは錯覚です。宇宙のどの銀河に住む宇宙人があたりを見回しても、同様の光景が広がっているのです。

オセロ・ゲームの盤を思い描いてください。将棋盤でも碁盤でもなんでもいいです。マス目間隔はとりあえず1センチメートルとします。そしてそのマス目にコマを配置してください。これが宇宙に散らばる銀河のつもりです。

一つのコマを、天の川銀河と名づけましょう。となりのコマとは1センチメートル離れています。一つおいたコマとは2センチメートル離れています。そのとなりとは3センチメートル離れていて、以下同様です。次ページの図をご覧ください。

さて宇宙膨張を表わすために、ゴムの板を引っ張って伸ばすように、オセロ盤を2倍に引き伸ばします。実際のゲーム盤は拡大できませんが、想像で2倍に引き伸ばしてください。これを1分で行ないます。

すると天の川銀河を表わすコマと、そのとなりの銀河との距離は、1分前には1センチメートルだったのに、今は2センチメートルになりました。さらにそのとなりとの距離は、4センチメートルになっています。

次の1分で、オセロ盤をさらに引き伸ばし、最初の3倍にします。するととなりの銀河との距離は3センチメートルになりました。この拡大率だと、となりの銀河は分速1センチメートルで遠ざかっています。

さらにとなりの銀河との距離は、6センチメートルです。最初と比べて2分で4センチメートル遠ざかったので、この銀河の速度は分速2センチメートルです。

つまり、オセロ盤を1分で2倍、2分で3倍になるように引き伸ばすと、その上

宇宙が「伸びるオセロ盤」だったら……

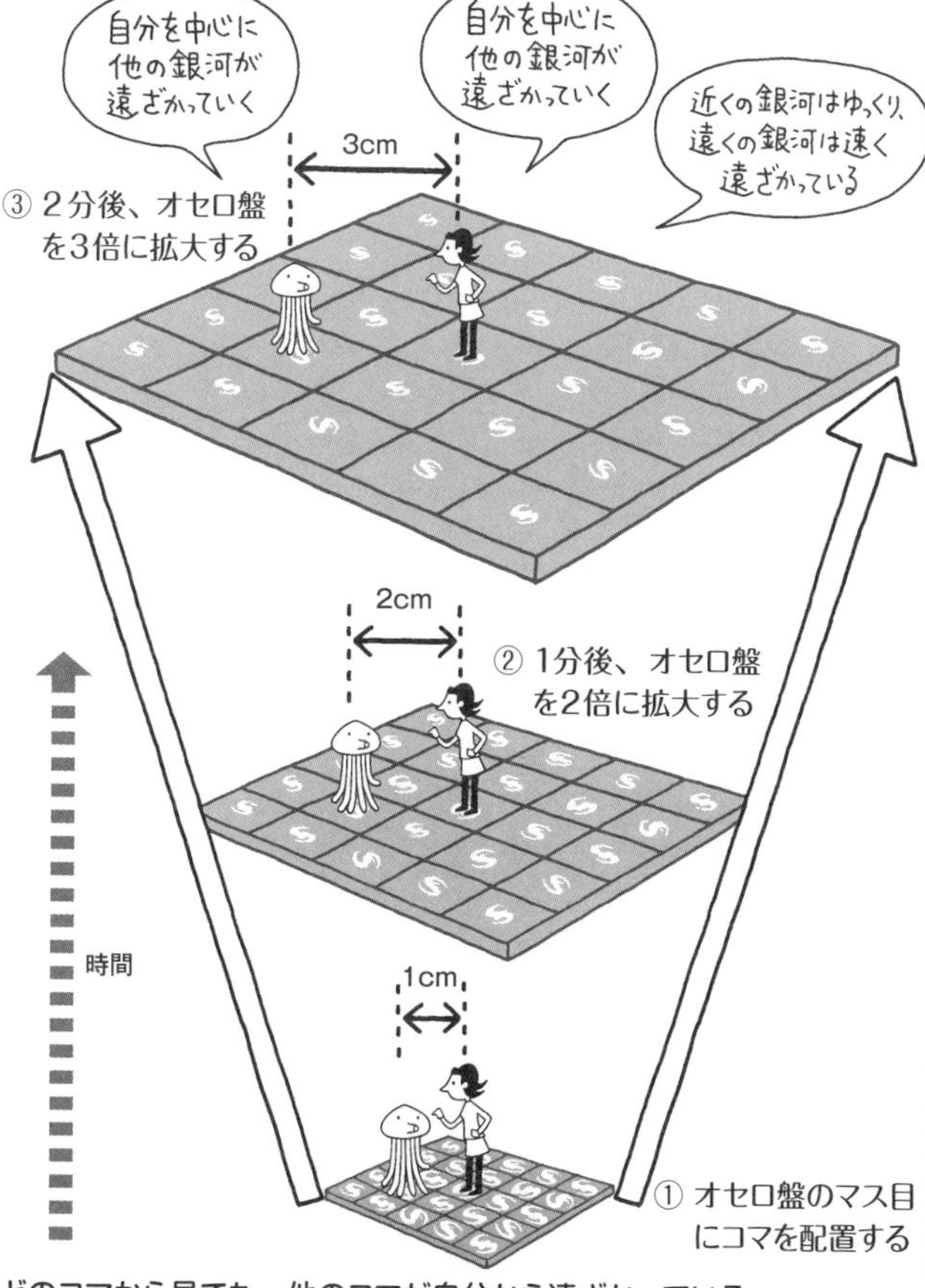
自分を中心に
他の銀河が
遠ざかっていく
自分を中心に
他の銀河が
遠ざかっていく
近くの銀河はゆっくり、
遠くの銀河は速く
遠ざかっている
3cm
③ 2分後、オセロ盤
を3倍に拡大する
2cm
② 1分後、オセロ盤
を2倍に拡大する
時間
1cm
① オセロ盤のマス目
にコマを配置する

どのコマから見ても、他のコマが自分から遠ざかっている。
遠くのコマほど速い速度で遠ざかっている。

のコマからは、
・他のコマが自分から遠ざかっていく。
・遠くのコマほど速く遠ざかっていく。
・遠ざかる速度は距離に比例する。
ように見えます。これが、ハッブルの法則を実現する「膨張するオセロ盤」です。

さてこれを盤上の他のコマから観察するとどう見えるでしょうか。天の川銀河と名づけたコマと別のコマを一つ選んでください。アンドロメダ銀河と名づけましょう。アンドロメダ銀河と、アンドロメダ銀河のとなりのコマとは、最初は1センチメートル離れています。そして1分後には2センチメートル、3分後には3センチメートルに離れていきます。

アンドロメダ銀河から見て、どのコマもアンドロメダ銀河から離れていきます。その速度は距離に比例します。つまり、このオセロ盤上のどのコマから見ても、ハッブルの法則が成り立つのです。宇宙のどの銀河の住人も、遠方銀河の速度を測ると、ハッブルの法則を発見するのです。

05 昔、銀河は一点に集まっていた!?

ハッブルの法則によれば、銀河は互いに遠ざかっています。この瞬間にも、銀河間の距離はどんどん開いています。

ということは、過去には銀河が互いに近かったということです。

今1億光年の遠方にある銀河は、およそ2000キロメートル/秒という速度で遠ざかりつつあります。これは1日で約2億キロメートル、1年で約700億キロメートルという、なんだか実感しがたいほどの猛スピードです。この銀河は1000年前には今より7光年ほど近くにあったことになります。

どんどん過去にさかのぼっていくと、今逃げ去っている銀河がどんどん近づいてきます。1億光年の遠方にある銀河は、約150億年(注1)の過去には、私たちの天の川銀河との距離がゼロだったことになります。

10億光年の遠方にある銀河は、およそ2万キロメートル／秒という速度で遠ざかりつつあります。この銀河は1000年前には70光年ほど近くにあり、約150億年の過去には、やはり私たちの天の川銀河との距離がゼロになります。

1億光年先にある銀河も、10億光年先の銀河も、100億光年先の銀河も、どんな銀河も約150億年さかのぼると距離がゼロになってしまいます。

ハッブルの法則によると、約150億年前、あらゆる銀河が一点に集まっていたようなのです。いったいそれはどんな状態なのでしょう。

物質をぎゅうぎゅう押し縮めると、密度が高まり、温度が上がります。たとえばガスや液体を圧縮すると温度が上がり、反対に膨張させると温度が下がります。エアコンや冷蔵庫はこの原理を応用して、温度を調節するものです。

約150億年ほど過去、ぎゅうぎゅう押し縮められた銀河も高密度・高温だったと思われます。

銀河という物体は、無数の恒星からできています。恒星というものはガスが集ま

銀河は遠ざかりつつある……

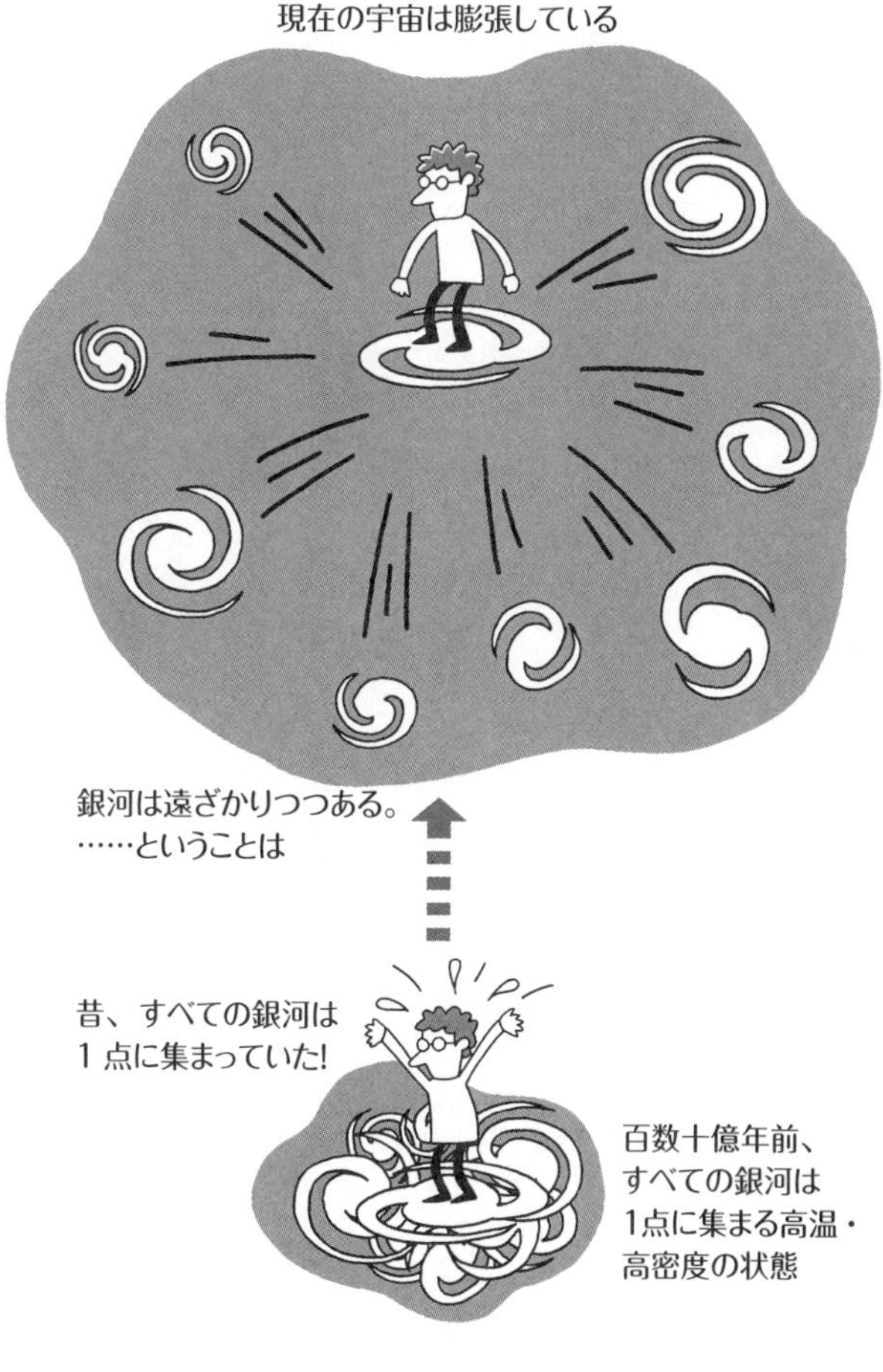

現在の宇宙は膨張している
銀河は遠ざかりつつある。
……ということは
昔、すべての銀河は
1 点に集まっていた!
百数十億年前、
すべての銀河は
1点に集まる高温・
高密度の状態

ってできていて、恒星になる前は宇宙を漂うガスでした。ガスのほとんどは水素、いちばん軽くて単純で、宇宙に最も多い原子です。2番目の原子ヘリウムも混じっています。宇宙空間の薄いガスが寄り集まって作ったのが恒星です。百数十億年も過去にさかのぼると、あらゆる恒星は宇宙を漂うガスでした。恒星はまだ生まれていません。

銀河というものは恒星の集まりですが、恒星が宇宙を漂うガスだったころには、銀河は他よりちょっぴりガスが濃くなったところにすぎません。

そして銀河と銀河がくっつくほど過去にさかのぼると、もうどこが銀河（になるところ）かわからなくなって、宇宙はどこもほぼ一様なガスで満たされます。

そして銀河の距離がもっと近かったころだと、ガスがぎゅうっと圧縮され、とてつもなく高温でとんでもなく高密度だったと考えられます。

あまり高温に熱すると、通常の物質はすべて壊れ、分子はばらばらの原子になり、原子はさらに電子と原子核に分解してしまいます。通常、原子というものは、中心にある原子核1個と、その周りを取り囲むいくつかの電子からできています。温度が高まると、電子が原子核から離れて飛んでいってしまうのです。

宇宙がだいたい（摂氏）３０００度の温度だったころには、あっちもこっちも壊れた原子ばかりで、遠くが見通せない状態だったと推定されます。

そこまで温度が高まるのは、銀河の距離が現在の約１０００分の１だったころです。天の川銀河になるガスのかたまりもアンドロメダ銀河になるガスのかたまりもいっしょくたに、現在の天の川銀河よりも小さな空間に押し込まれていたころです。

もっともっと容赦なくガスのかたまりを圧縮し、銀河間距離が現在の３４００分の１、温度が約９０００度になると、とうとう原子核も壊れます。

つまりハッブルの発見からは、約１５０億年ほど前、宇宙がぎゅうぎゅう詰めで、原子も原子核も融けてしまうほどの高温であったことが導かれるのです。

注1 2014年現在、最新の観測データから推定した宇宙年齢は$(1.38\pm0.01)\times10^{10}$年ですが、ここでは誤差を考慮して約150億年としておきます。

06 望遠鏡で宇宙の彼方を見ると、自分が見える!?

ここで（宇宙の歴史でなく）人間の歴史を振り返ってみましょう。ハッブルの発見は世間にどう解釈されたでしょうか。宇宙の最初と現在について研究者はどう議論したのでしょうか。

ハッブルの発見より少し前の1915年、アルベルト・アインシュタインは、「一般相対性理論」という、じつに奇妙な物理学理論を発表しました。

一般相対性理論によれば、「空間」や「時間」は、いつでもどこでも一様《いちよう》ではありません。たとえば、質量、つまり重さを持った物体があると、その周囲では時間がゆっくりになります。また質量の周囲では空間が伸びます。質量の近くで「時空がゆがむ」といったりします。「時空」だとか「ゆがむ」だとか、何をいっているのか理解に苦しむ、常識破りの物理学理論です。

これらの効果は大変微弱で、日常気がつかないほどですが、大質量の天体の近くだと時空のゆがみも大きく、その近くに物体を飛ばすと、その物体の軌道がぐにゃりと曲がります。

この軌道がぐにゃりと曲がる効果が重力の正体だというのがアインシュタインのアイディアです。リンゴが落下したり月が地球を周回したりするのは、地球がリンゴや月に万有引力をおよぼしているからだ、というのがニュートン以来の考え方でした。アインシュタインは、地球の周囲の時間と空間がゆがんでいるためにリンゴや月の軌道が曲がるのだと説明したのです。

アインシュタインの相対性理論は、太陽の強い重力のもとでの水星の運動や、光が重力で曲がる効果を、ニュートンの万有引力の法則よりも正しく予測するので、正しく信頼できる理論だと現在ではみなされています。

新しい重力理論を考案したアインシュタインでしたが、水星と光の軌道を計算するだけでは満足できませんでした。アインシュタインはさらに野心的で、なんと宇宙の構造を一般相対性理論で記述することを考えていました。

宇宙の記述とは、アインシュタイン以前にはどうやったらいいのか見当もつかないことで、そんな夢想は神話の領分でした。しかしアインシュタインは、自分の一般相対性理論が宇宙を計算することができる物理学理論だと、気づいていたのです。一般相対性理論の登場により、人類は初めて、宇宙の構造を議論する科学的手法を手に入れることになったのです。

アインシュタインはまず、宇宙が有限で一様等方《とうほう》だと仮定しました。「一様」とは、宇宙がどこでも同じということで、つまり宇宙のどこから宇宙人が観測しても同じような光景が広がっているということです。「等方」とは、どの方向を見ても同じということです。北極方向の夜空も南極方向の夜空も大差ないということです。

一様等方はまあ納得できるのですが、宇宙が有限だという仮定はちょっと注釈が必要でしょう。宇宙が有限だということは、宇宙がたとえば1000億光年ほどの大きさを持っているということです。そうすると、1000億光年より先にロケットを飛ばしたらどうなるのでしょうか。

アインシュタインの考えた「宇宙」とは？

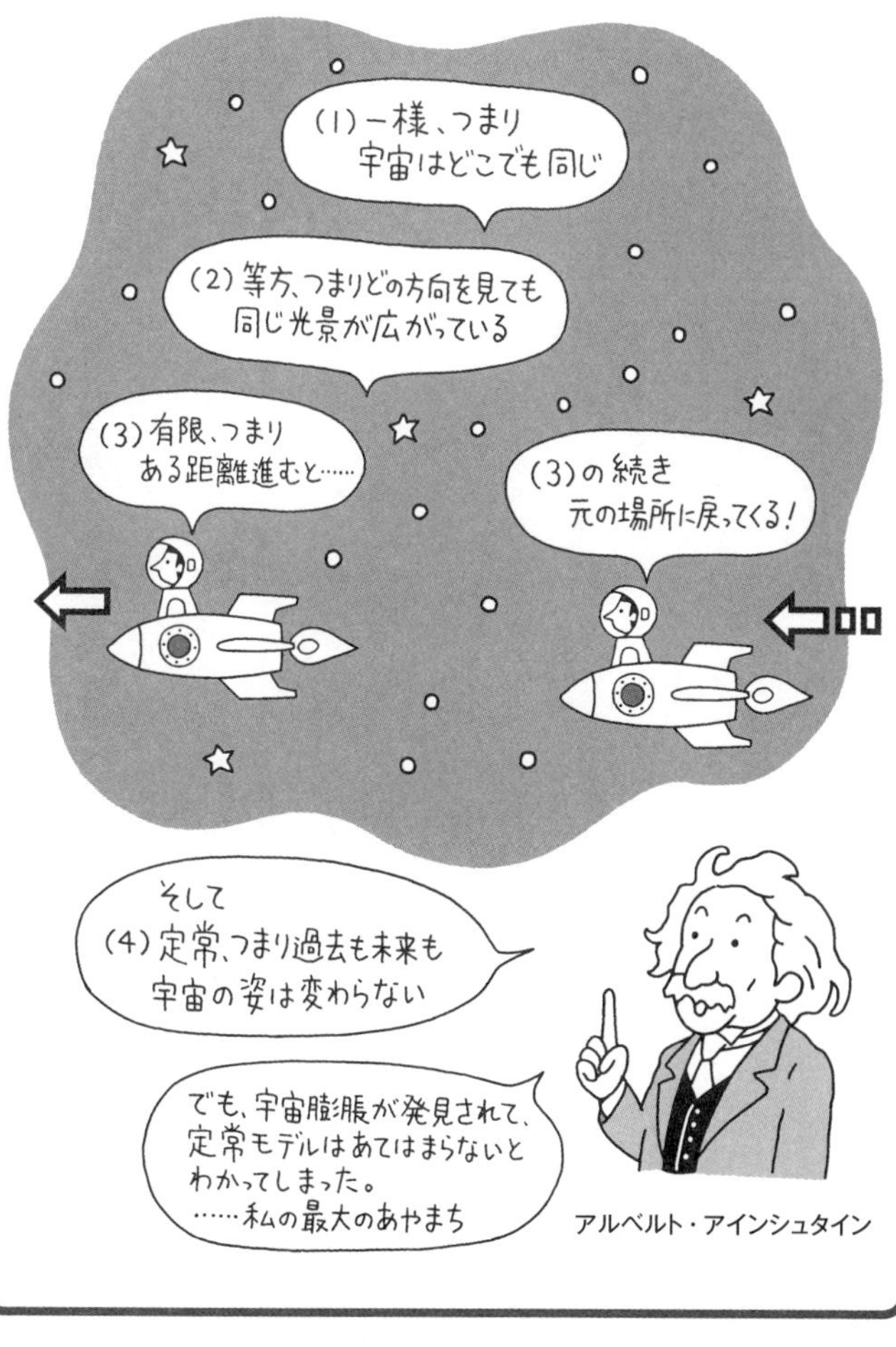

アインシュタインの考えた宇宙だと、ロケットで宇宙のサイズよりも長い距離を旅すると、ロケットは出発点に戻ってきます。また宇宙のサイズよりも遠方からくる光を望遠鏡で観察すると、自分の位置が見えます。

これをアインシュタインは「宇宙の彼方を望遠鏡で見ると、自分の後頭部が見える」と表現しました。もっとも、宇宙のサイズが1000億光年なら、見えるのは1000億光年昔に発した光なので、地球や私たちの太陽や天の川銀河は写っていないでしょう。

さて一様等方で有限な宇宙モデルを仮定して、一般相対性理論の方程式に当てはめてみて、アインシュタインは狼狽《ろうばい》しました。解が不安定なのです。

07 アインシュタインの「最大のあやまち」とは?

アインシュタインの一般相対性理論は、偏微分方程式やテンソル解析などの高等数学を用いる、かなり難解で手ごわい物理学理論です。これを理解するのは世界で三人しかいないという冗談が当時いい交わされました。

一般相対性理論には、解がいくつもあり得ます。

どういうことかというと、たとえば $x+1=2$ という方程式なら、解は $x=1$ の一つしかありません。けれども $x^2=1$ という方程式なら、解は1とマイナス1の二つあります。方程式によっては、解がいくつもあり得るのです。

そして一般相対性理論の方程式、別名アインシュタイン方程式は、この宇宙の状態として、さまざまな「解」(宇宙解)を許容するのです。たとえば有限の宇宙や無限の宇宙、物質がまったくない宇宙や電磁波に満たされた宇宙などといった解です。

ところがそれらの解をアインシュタイン方程式に代入してみると、どの宇宙も、すぐに縮んでしまったり、爆発的に膨張したり、ろくな運命をたどらないのです。さまざまな宇宙解を許容する一般相対性理論ですが、じっと静止したまま変化しない定常宇宙解は存在できなかったのです。

宇宙は変化せず、未来永劫過去悠久に現在の姿で存在するはずだと信じていたアインシュタインは狼狽しました。そこでアインシュタインは、アインシュタイン方程式を少々変更して、定数項をつけ足すことにしました。定数項を加えた方程式は、数値を調節するとなんとか定常宇宙解が得られるのです。この定数項は「宇宙項」と呼ばれます。

アインシュタインの発表後、何人もの研究者がさまざまな宇宙解をアインシュタイン方程式に代入し、あんな宇宙やこんな宇宙の挙動を研究しました。（一般相対性理論を理解する人は三人以上いたようです。）

たとえばジョルジュ・ルメートル（１８９４－１９６６）は、アインシュタインの否定した膨張宇宙モデルを発表しました。ルメートルの宇宙解は、初期状態は小さく、そこから爆発的に膨張します。ルメートルは、この宇宙モデルが正しければ、宇宙は「原初の原子」から始まったと述べました。ルメートルは宇宙の初めの小さく縮んだ状態を原子にたとえたのです。

ルメートルのアイディアにアインシュタインは反発し、酷評したと伝えられます。そういう変化する宇宙解は、数学的には間違いがなくても、現実の宇宙には当てはまらない机上の空論だと考えたようです。そういう、膨張宇宙を提案する研究者たちに、アインシュタインは「計算間違い」「センスがない」と評したそうです。

1929年、ハッブルが「遠くの銀河が遠ざかっている」という発見を発表し、じつはルメートルたちの計算が間違いではなかったことが明らかになります。ハッブルの発見は、宇宙が膨張している証拠です。この宇宙は定常不変ではなく、刻一刻と膨《ふく》らみ変化する宇宙だったのです。定常宇宙を信じていたアインシュタインをはじめ、多くの人々にとって衝撃的な事実です。

じつは現実の宇宙に合わないのは、アインシュタインの定常宇宙モデルのほうでした。アインシュタイン方程式を満たす解のうち、正しいのは膨張する宇宙解（のどれか一つ）だったのです。

そうなると、定常解を成立させるためにわざわざ「宇宙項」をアインシュタイン方程式に加える必要はなかったことになります。アインシュタインは宇宙項を加えたことを「最大のあやまち」といったそうです。

けれども最近の宇宙論の進展によれば、アインシュタインがつけ足してから取り消した宇宙項は、やはりあったほうが現実と合うのではないかと考えられています。現在は測定技術が進歩し、極めて遠方の銀河の速度を測定できるようになりました。すると詳しく調べた宇宙膨張は、むしろ宇宙項があるときの膨張解のほうがよく当てはまるようなのです。現在の研究は、宇宙項を加えたアインシュタイン方程式を議論するのが普通です。

08 水素とヘリウム——原始宇宙は意外に単純

ルメートルの宇宙解とハッブルの法則を組み合わせると、約150億年前、宇宙がただならない状態にあったことが結論されます。宇宙のあらゆる銀河が一点に集まった「原初の原子」から、あらゆる銀河、あらゆる恒星、私たちを含む全宇宙の物質が飛び出してきたわけです。

なんだかまるで神話めいた起源ですが、これを真面目にとって、原初の原子の性質を真剣に検討したのがジョージ・アントノヴィッチ・ガモフ（1904－1968）です。

ガモフとその教え子ラルフ・アッシャー・アルファー（1921－2007）は、約150億年前の宇宙の密度と温度を計算しました。そして、宇宙原初の高温・高密度の中で、元素が作られたのではないかと提案しました。1948年、ルメートルの宇宙解とハッブルの法則からおよそ20年後のことです。

元素とは、物質の素材です。

たとえば私たちの体の70パーセントは水からできていて、水は水素という元素と酸素という元素が化合してできた物質です。私たちの体はほかに、炭素、窒素、カルシウム、リンなどの元素が集まってできています。この6種類の元素で体重の98・5パーセントを占めます。

地球は3分の1が鉄でできています。表面の地殻ではケイ素やアルミニウムも多いです。

巨大な太陽はほとんどが水素でできていて、4分の1ほどがヘリウムです。

宇宙にはさまざまな元素が漂っていますが、その組成はほぼ太陽と同じで、ほとんど水素、4分の1のヘリウム、他の元素少々となっています。

宇宙全体の元素組成が太陽の成分と似ているのは当然で、太陽が46億年前に誕生したとき、周囲の空間にあった物質を材料にしたためです。

こういう宇宙に存在する元素と、その割合は、いったいいつどこで決まったのでしょうか。

宇宙創成時に超高温・超高密度の中で決まった、というのがガモフとアルファーのアイディアです。

当時の宇宙は、陽子と中性子という粒子が飛び回ってぶつかり合っていたと推定されます。

陽子と中性子というのは原子核の材料で、これがくっつき合ってできた原子核を電子が取り囲んでいるというのが、私たちの周囲にある原子の構造です。

原初の宇宙は急速に膨張し、それにともない急速に冷却されました。ある程度まで温度が下がると、陽子と中性子がくっついて原子核になります。

単独の陽子は、私たちの身近にある水素の原子核になります。これに中性子が1個くっつくと、重水素の原子核というものになります。

さらにそこに陽子が飛び込んでくると、ヘリウム3と呼ばれる原子核になります。

ちょっとややこしいのですが、現在の宇宙にあるヘリウムはヘリウム4という種類のヘリウムで、ヘリウム3とは中性子の数が違います。

ヘリウム3と重水素が衝突すると、現在の宇宙にたくさんあるヘリウム4ができます。

ガモフとアルファーは、こういう衝突やくっつき合いや分裂が原初の宇宙で無数に起きて、さまざまな種類の元素が合成され、元素が豊富にある現在の宇宙ができあがったのではないかと考えました。

ガモフはそのアイディアを論文にするとき、ほとんど研究に加わっていないハンス・アルプレヒト・ベーテ（1906－2005）を共著者に加え、アルファー、ベーテ、ガモフの連名で発表しました。そうするとアルファ、ベータ、ガンマの語呂合わせになるからだそうです。ガモフは駄洒落《だじゃれ》が好きだったと推察されます。

ちょっと惜しかったのですが、原初の宇宙の超高密度・超高温は、水素とヘリウムまでは合成するのですが、それ以上重い原子核は合成できないのです。ベリリウ

宇宙は何でできているか？

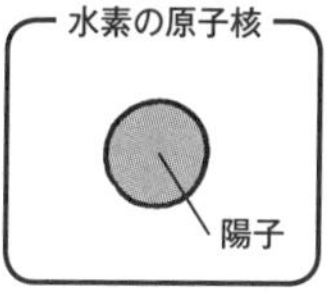
水素の原子核
陽子

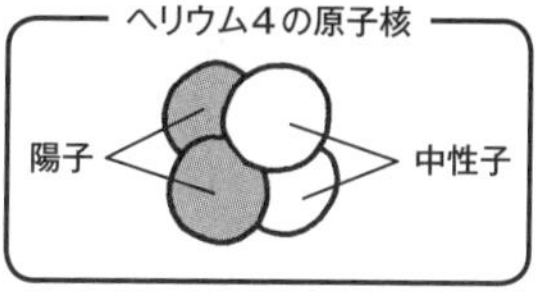
ヘリウム4の原子核
陽子
中性子

宇宙の元素組成（上位 10 元素）

元素	重量存在比
水素	0.7057
ヘリウム	0.2752
酸素	0.0096
炭素	0.0031
ネオン	0.0018
鉄	0.0013
窒素	0.0011
ケイ素	0.0007
マグネシウム	0.0007
硫黄	0.0004

ビッグ・バンの高温・高密度状態で陽子と中性子がくっつき合って元素合成が進む
そうして現在の宇宙の元素組成ができあがる。と、思ったんだけど……
実際にはビッグ・バンでは水素とヘリウムまでしか合成されませんでした
ジョージ・アントノヴィッチ・ガモフ

ム8という原子核は不安定なため、この方法だと、ベリリウム以降の元素合成は進行しないのです。

人体や地球に含まれるような重い原子核は、宇宙創成時ではなく、その後の恒星内部の核反応によって作られます。酸素、炭素、鉄など、全部そうです。

その点でガモフたちの理論は誤っていたのですが、ともあれ、高温・高密度の原初の宇宙で原子核が作られるというアイディアは水素とヘリウムまでは説明できます。水素とヘリウムは宇宙の元素の98・5パーセントを占めます。宇宙の98・5パーセントまでがうまく説明できれば、理論は成功といっていいでしょう。

原初の宇宙は超高温・超高密度で、そこで水素とヘリウムが作られたという、アルファ・ベータ・ガンマ理論は世の中に広まりました。

09 138億年前の「光」が見えた！

宇宙物理学者フレッド・ホイル（1915－2001）は1950年、あるラジオ番組に出演して、宇宙膨張説を「宇宙がドカーンと始まった説」というようなニュアンスで「ビッグ・バン理論」と呼びました。このユーモラスな呼び名はたちまち人口に膾炙《かいしゃ》して、真面目な宇宙論研究者も含めて世界中で使われるようになりました。ビッグ・バン理論の命名です。

皮肉なことに、ホイル自身はビッグ・バン理論に反対で、宇宙が膨張しているのは大昔の大爆発のためではなく、物質が宇宙空間に生成するためだという説を唱えていました。またホイルはSF小説も書く多才な研究者で、「ビッグ・バン」というネーミングは彼の文才の表れかもしれません。

ちなみにビッグ・バン理論を強力にあと押ししたガモフも科学解説書を何冊も執

筆して、現在古典と呼ばれています。ビッグ・バン理論創成には（反対派も含めて）多くの才能が関わっていたようです。

それにしても、宇宙が大爆発とともに始まったという仮説は衝撃的です。この宇宙に始まりがあるというだけでも驚きなのに、その始まりが、宇宙の全物質が一点に集まるという想像を絶する超高密度・超高温だったというのです。どんな想像力に富む民族の神話もこの科学的事実にはおよびません。

とはいえ、これは本当に科学的事実なのでしょうか。奇妙な物理学理論である一般相対性理論は正しいのでしょうか。ビッグ・バン理論以外に観測事実を説明できる説はないのでしょうか。測定誤差の大きいハッブルの法則は測り直したらあやふやになったりしないのでしょうか。研究者たちは喧々囂々《けんけんごうごう》議論を繰り広げました。

1965年、ビッグ・バン理論の決定的な証拠が見つかります。宇宙マイクロ波背景放射です。ベル研究所のアーノ・アラン・ペンジアス博士（1933－）とロバート・ウッドロウ・ウィルソン博士（1936－）は、人工衛星との通信用のア

宇宙はマイクロ波で満たされている！

エネルギーのほとんどを
可視光として放射する

太陽は 6000℃の黒体放射
をする。白色光に見える

主に赤外線。
可視光も少し出す

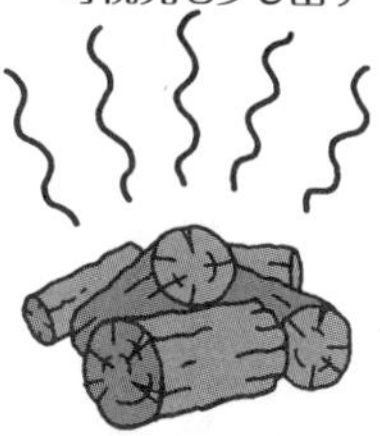

炭火は約 800℃の黒体放射

物体は温度に応じた「黒体放射」をする

ビッグ・バン当時の高温宇宙は
高温黒体放射のガンマ線で満
たされていた

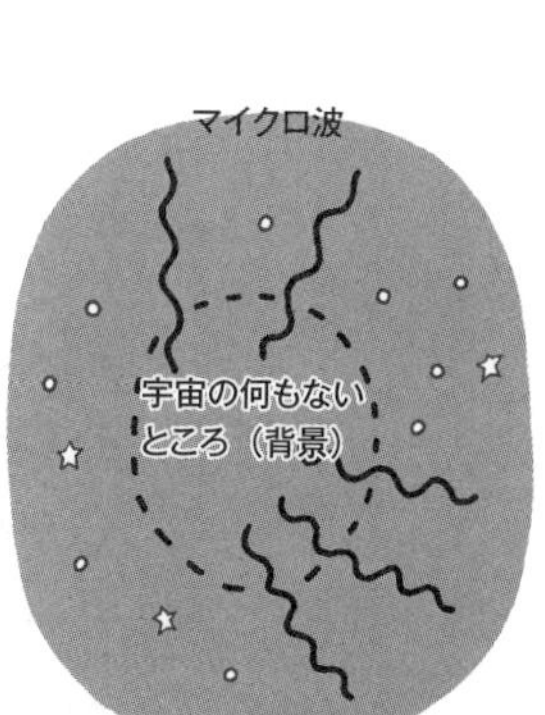

宇宙の何もないところ（背景）を
見ると、マイクロ波が出ている

宇宙背景放射はマイクロ波（電波）。ビッグ・バン時の高温黒体放射が変化したもの。

ンテナを上空に向け、かわりに奇妙な電波を受信しました。4ギガヘルツの電波が空から降り注いでいるのです。周波数が1ギガヘルツから1000ギガヘルツ程度の電波をマイクロ波と呼ぶので、これは宇宙から来るマイクロ波ということになります。

宇宙空間は、マイクロ波で満たされていることが発見されたのです。

これが何を意味するか、宇宙論の研究者にはピンと来ました。約150億年前、宇宙が3000度以上の高温だったころに放射された電磁波が、約150億年間宇宙空間を飛び続け、マイクロ波となって地球に降り注いでいるのです。これはビッグ・バンの光を直接見ていることになり、ビッグ・バン理論の証拠です。

ビッグ・バン理論以外の宇宙モデルでこの放射をうまく説明できるものはありません。ハッブルの発見以来の大発見です。宇宙論業界は大いに沸《わ》き、ペンジアスとウィルソンはノーベル賞を受賞しました。

ビッグ・バンの名残りのマイクロ波、「宇宙マイクロ波背景放射」、略してCMBをイメージするため、炭火を思い描いてください。炭火はオレンジ色の光を放射し、温度が高いほど明るく白っぽくなります。

このように不透明な物体から、温度に応じて放射される光（電磁波）を、「黒体放《こくたいほう》射《しゃ》」といいます。「黒体」は不透明な物体を指します。炭火や太陽や溶鉱炉の融けた金属は温度に応じた黒体放射を出します。

約１５０億年前、宇宙全体は３０００度以上の高温で、黒体放射で光っていました。宇宙空間が炭火の炎で満たされているところを思い浮かべてください。

約１５０億年間にわたって宇宙が膨張し、温度が下がると、炎の温度も下がり、色も赤黒くなります。現在ではその温度はマイナス２７０・４２４５度まで冷えました。宇宙空間は物質のない真空ですが、宇宙空間を飛び回っている電磁波の温度が冷えたと思ってください。

そこまで温度が低くなると、黒体放射は主に（可視光ではなく）電波を放射します。特にマイクロ波と呼ばれる波長の電波です。

ペンジアスとウィルソンの発見は、現在の宇宙空間がマイナス２７０・４２４５度の電波で満たされているというものなのです。

10 宇宙の「果て」はどうなっているのか？

61ページの図は、宇宙からやってきた黒体放射の全天マップです。ビッグ・バン当時の高温の宇宙を見ていることになります。

この黒体放射が発せられたのは現在から138億年前のことです。「ビッグ・バン当時」といっても、宇宙の本当の始まりから37万年たって、宇宙の温度が3248度まで下がった時点の黒体放射です。

さて宇宙マイクロ波背景放射によって証明されたビッグ・バン理論ですが、どうもまだ腑に落ちない方もいるかもしれません。

ビッグ・バン理論に関して、よくあがる質問を、現在の宇宙論の理解に基づいていくつか答えておきましょう。

問：その宇宙マイクロ波背景放射という電波は、どれくらい遠くから来ているの？
答：138億年前、その放射を放った高温の物質は、私たちのいるこの場所から約4000万光年離れていました。現在、その物質のなれの果ては、宇宙膨張にともなって450億光年に遠ざかりました。
問：宇宙膨張は光速を超えている？　光速は超えられないのでは？
答：宇宙膨張は空間そのものが膨張していて、空間の膨張は光速を超えることができます。その空間内に漂う物体も一緒に光速を超えます。
問：4000万光年にしろ、450億光年にしろ、どうして光がその距離を旅するのに138億年かかるの？
答：宇宙空間はどんどん膨張しているので、旅にかかる時間は単純に距離を光速で割ったものになりません。

問：450億光年より先は見えないの？

答：電磁波では見えませんが、「ニュートリノ」や「重力波」（注1）といった放射は、もっと「透過力」が高いので、もうほんのちょっと先が見えるはずです。原理的には約470億光年くらいには見えると期待されます。ニュートリノ望遠鏡や重力波望遠鏡の完成を待ちましょう。

注1 「ニュートリノ」「重力波」については4章で述べます。

プランク衛星で撮像した宇宙マイクロ波背景放射の全天マップ（ESA、Planckチーム）。2013年作成。天の川銀河の中心が中央に位置するようにプロットしてある。わずかな強弱を強調して描いたもの。強調しないと、のっぺりと一色に塗り潰されたつまらない図になる。 [ESA and the Planck Collaboration]

11 ビッグ・バン以前、宇宙に何があったのか？

ビッグ・バン理論について、よくあがる質問と回答を述べましたが、じつは一番重要な問題を省きました。次のような問いです。

問：観測できる範囲が450億光年にしろ、470億光年にしろ、その先はどうなってるの？
問：宇宙は結局有限なの？　無限なの？
問：ビッグ・バンの前はどうなっていたの？
問：どうして宇宙が始まったの？

これらの疑問に対する答えはいずれも、

答：まだわかりません

というものです。今の人類の知識では答えられません。

答えられない理由は、「量子重力理論」という物理学分野がまだ完成していないからです。

ハッブルが宇宙膨張を発見し、宇宙論が創始されたのとほぼ同時期に、「量子力学」という物理学分野が大きく発展しました。

量子力学は、原子や分子や素粒子など、ミクロな世界の物理法則です。量子力学は原子の内部構造を解明し、レーザや半導体エレクトロニクスや原子力等を生み出し、それまでの物理学をまったく時代遅れにしてしまいました。

ところが現在、量子力学と一般相対性理論を組み合わせた物理学理論はまだできていないのです。多くの研究者が何十年も取り組んでいますが、誰も成功していません。

ミクロで、しかも強い重力が働くような現象には、量子力学と一般相対性理論を同時に適用しないと、その性質が解明できません。そして宇宙誕生は、まさしくミクロで強い重力が働く現象です。現代の量子力学と一般相対性理論はどちらもこの問題に無力です。

ただしビッグ・バン理論以来、量子力学が宇宙論にまったく適用されなかったということはありません。宇宙創成そのものの謎は解けなくても、初期宇宙がどんな様子だったか、多くのことが明らかになっています。

たとえば、宇宙創成の直後、ビッグ・バンの最初期、宇宙は「インフレーション」と呼ばれる大膨張時代を経たと考えられています。１９８１年、佐藤勝彦・現東京大学名誉教授（１９４５－）とアラン・ハーヴェイ・グース・マサチューセッツ工科大学教授（１９４７－）が独立に提唱したアイディアです。

ビッグ・バンそのものも大膨張なのですが、インフレーションはそれよりすごい大々膨張です。10^{-34}秒という想像を絶する短い時間に宇宙が20桁以上も成長するというのだから、もうわけがわかりません。そういうインフレーション現象が、量子力学的効果によって、宇宙誕生直後に起きたと考えられています。

けれども生まれたての宇宙は、やはり想像を絶するミクロな存在だったので、インフレーションを経てもせいぜい数十センチメートル程度にしか膨れませんでした。その時点でインフレーションの量子効果は終了し、その後はビッグ・バンと呼ばれる（普通の）膨張現象が支配的になりました。

そして宇宙膨張は138億年間にわたって継続し、そのため宇宙の温度はマイナス270・4245度まで冷え、おかげで人類が発生し、宇宙創成の謎を解こうと頭をひねっているというわけです。

現在観測できる450億光年以内の様子は、おおむねインフレーション理論にあっているので、インフレーション理論は正しいようだと考えられています。

ではこのインフレーション理論で宇宙が有限か無限か、観測限界を超えたかなたで宇宙はどうなっているのか、わかるかというとそうでもありません。

宇宙が有限でも無限でも、インフレーションは起きるので、というより、起きるように理論調整できるので、この理論からはどちらかに決められないのです。

やはり、どうして宇宙が始まったのか、その時刻0の瞬間をバシッと記述する本物の量子重力理論が求められています。

量子重力理論が完成した暁《あかつき》には、初めに並べた問に答えが出せるだろう、と誰もが期待しています。宇宙創成の謎を解くべく、世界中の研究者が取り組んでいます。

2章

じつは「太陽」も面白い謎でいっぱい！

[NASA/Richard Yandrick (Cosmicimage.com)]

12 太陽が「赤々と燃え続けられる」のはなぜ？

燃える太陽は万物を照らし緑を育て、地上のあらゆる生命活動を養っています。地球から1億5000万キロメートル離れた虚空に浮かぶ太陽は、半径約70万キロメートル、表面温度5500度のガスの球です。その組成は水素が70パーセント、ヘリウムが28パーセント、その他の元素2パーセントから成ります。太陽から1億5000万キロメートル離れた地球が受けるエネルギーは、1平方メートル当たり毎分2カロリーという大きなものです。水深1センチメートルの水たまりが直射日光を浴びると、1分に2度温度が上昇する計算です。

ではその根源である太陽のあの輝きは、いったい何を燃料としているのでしょうか。「燃える」太陽といわれますが、木材や化石燃料や他の物質が燃えて生じる化学反応がエネルギー源ではないことは明らかです。化学反応では５５００度の高温を作れません。

20世紀は、原子核が壊れて別の原子核に変わる現象、つまり核反応が見つかりました。永遠不滅のはずの原子が変化するという、衝撃的な発見です。

原子核の変化の際には大きなエネルギーが放出（あるいは吸収）されるので、これで太陽はエネルギーをまかなっているのではないかというアイディアが出てきました。

初期には、たとえば陽子と電子が合体して放射線を出すようなメカニズムが想像されたのですが、やがてもっと現実的なメカニズムが提案されました。水素の原子核である陽子が４個くっつき合ってヘリウムの原子核に変わり、この際にエネルギーが飛び出すというものです。

つまりこれが正解です。

太陽の内部では、１秒に約６億トンもの水素がヘリウムに変わり、この核融合反応によって太陽は輝いているのです。

水素の原子核が4個くっつく核融合反応は起こりにくく、太陽の中心部が高温・高密度状態でないと起きません。そこでは温度は1500万度、密度は150グラム／立方センチメートルになると見積もられています。

陽子と陽子が衝突して、陽子が中性子に変わって、それがまた衝突を繰り返して、最後に陽子2個と中性子2個からなるヘリウム4が完成します。

この核融合反応が起こりにくいのは、まず陽子はプラスの電荷《でんか》を持っているので、陽子と陽子が衝突しにくいためと、衝突の瞬間に片方の陽子が中性子に変化しなければならないためです。この確率が低いため、太陽内部での水素の核融合はわずかずつしか進行しません。

しかしわずかずつしか進行しないため、水素という燃料はけちけち使われて長持ちします。太陽はこれまで約45億年地球を照らし続け、そのため地球に生命が発生して、筆者が原稿を書き、読者のみなさんに本書を手に取っていただくことができたわけです。水素をけちったおかげです。

紫外線で見た私たちの太陽

太陽観測衛星 STEREO によって撮影。紫外線では、黒点付近はかえって明るく見える。

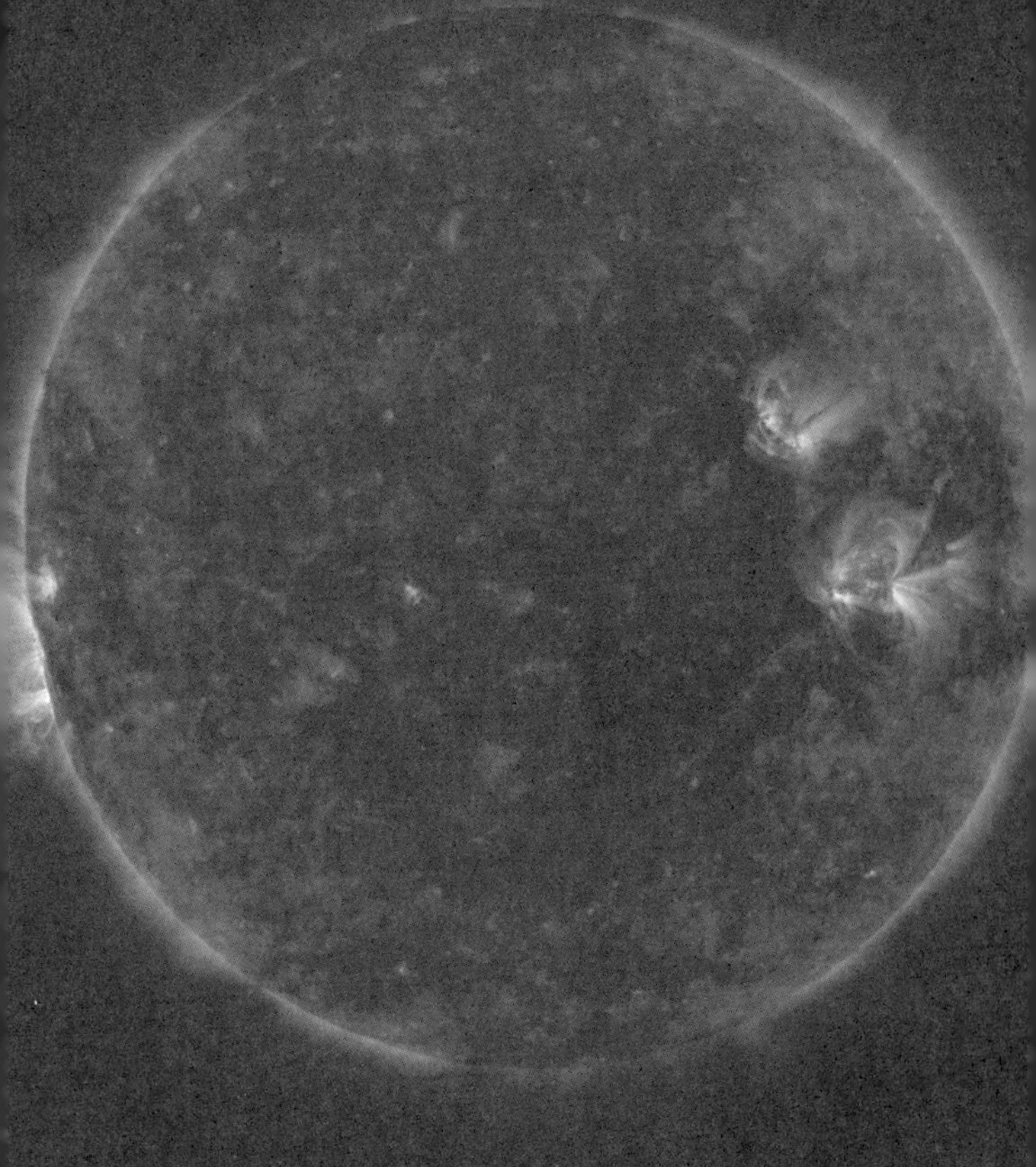

[NASA/GSFC Scientific Visualization Studio]

13 「巨大化した太陽」に地球は呑み込まれる？

水素燃料をけちけち使う私たちの太陽ですが、いくら節約してもどんなに省エネしても、やがては燃料を使い果たす日が来ます。

私たちの太陽の場合、あと約50億年で水素が枯渇すると予想されています。その中心部の水素原子核はほとんどヘリウム4に変わってしまいます。これでは水素の核融合反応は起きません。

そうなると太陽は熱源を失うので、へなへな潰れてしまいます。あの大きな太陽の図体《ずうたい》は、熱で膨れたガスでできています。中心部で絶えず核反応が進行して熱を供給しないと、太陽は収縮するのです。

収縮すると、中心部の温度と密度は以前より高まります。

熱源を失ったのに中心の温度が高まるとは、なんだか混乱させられますが、ガスをぎゅうぎゅう押し縮めると温度が高くなるものなのです。ビッグ・バンの際、宇宙全体の物質がぎゅうぎゅうに押し縮められて高温・高密度だったことと、原理は同じです。

温度が1億度、密度が1トン／立方センチメートルを超えると、ヘリウムの核融合反応が着火します。ヘリウムが核融合反応を起こす条件は、水素の条件よりも厳しいので、この温度と密度でやっと満たされるのです。ヘリウムの原子核はくっつき合って炭素12や酸素16などの原子核に変わり、太陽を熱します。

正確にいうと、太陽の水素が完全に燃え尽きてからヘリウムの核反応に切り替わるわけではなくて、中心部のヘリウムの反応と外層の水素の反応が同時進行する時期があります。

さらにややこしいことに、ヘリウムからなる中心部は収縮して密度が高まるのですが、水素の燃焼部が外部に広がって延焼《えんしょう》するにつれ、外層部は以前よりも膨れ上がり、太陽は大きくなります。なんと太陽は現在の地球軌道ほどまで膨れ上がります。「赤色巨星《せきしょくきょせい》」と呼ばれる状態に「進化」するのです。表面温度が低く、赤がかった色なので赤色です。

太陽が地球軌道まで膨れるということは、地球は赤色巨星となった太陽に呑み込まれるのでしょうか。

太陽から吹きつける「太陽風」によって地球の軌道が外に押し出され、呑み込まれないという説もあります。水星、金星とともに呑み込まれるという説もあります。もっとも、太陽外層部は密度が低いので、たとえ外層部内に呑み込まれてもしばらくは地球の軌道運動は続くでしょう。

ところで天文業界では、星の状態が変化することを「進化」と呼びます。「太陽が赤色巨星に進化する」といった使い方をします。いうまでもなく生物学用語の進化とは、生物種が別の種に変わることで、一個体は進化したりしません。けれども恒星やポケモンは各個体が独自に進化するようです。

1進化して赤色巨星になった私たちの太陽は、次の節で2進化します。

太陽が「進化する」とは？

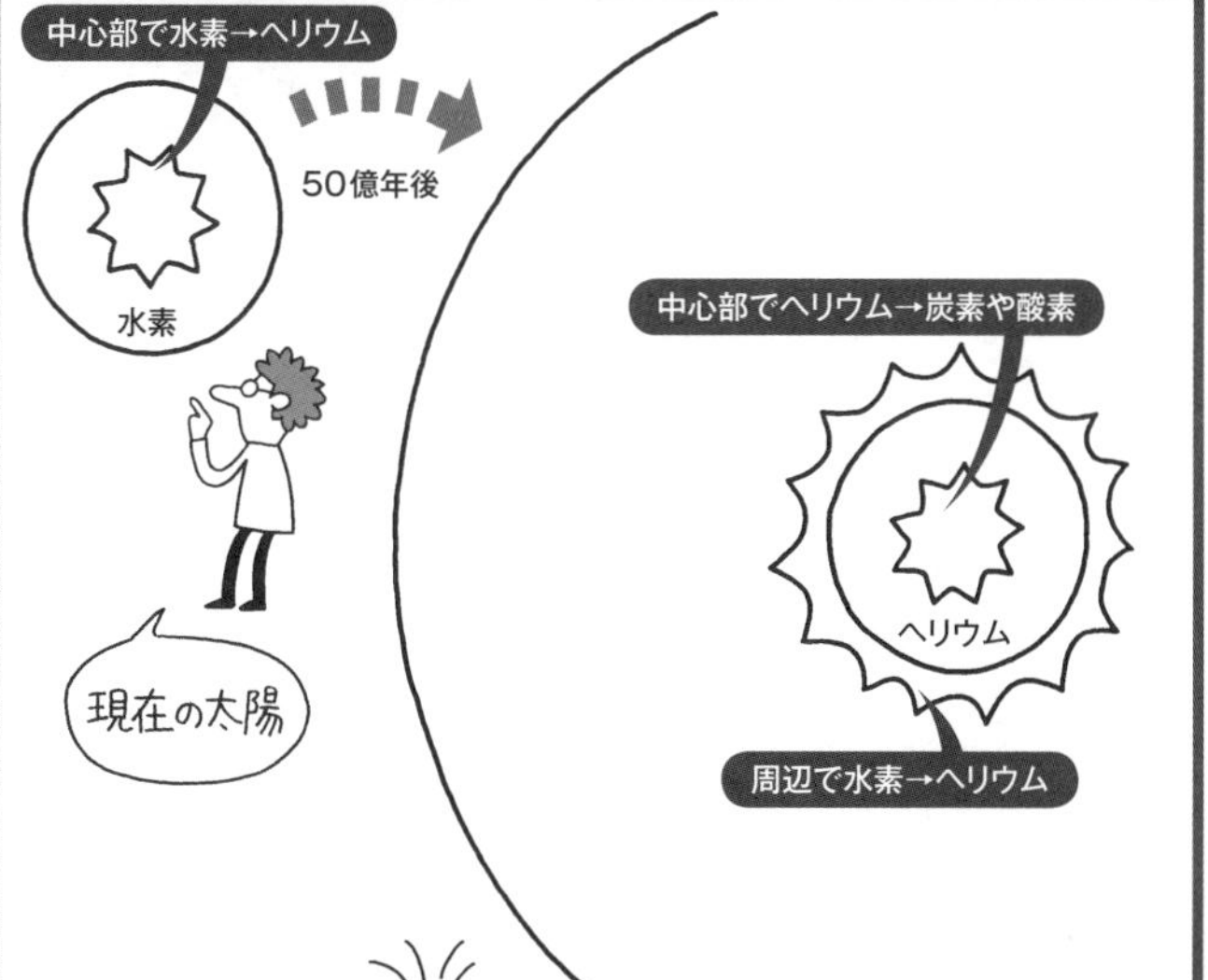

50億年後、太陽は赤色巨星になり、地球軌道まで広がる。その後、核反応が止まり、白色矮星《わいせい》に。周囲には惑星状星雲ができる。

14 いずれ太陽は、巨大なダイヤモンドにかわる

今から50億年後、太陽中心部の温度と密度が上がって、ヘリウムの核融合反応が始まります。

なかなか着火しないヘリウムですが、いったん火がつくとまたたく間に燃焼します。ヘリウムの原子核は次から次へとぶつかり合いくっつき合い、短期間で使い尽くされると見込まれています。ヘリウムの燃えかす、炭素や酸素などが太陽中心部に蓄積され、ヘリウムの核反応は停止します。

そうなるとまた元のもくあみです。ヘリウムの核反応という熱源を失った太陽は再度収縮します。燃えかすのガスが押し縮められます。

押し縮められた炭素や酸素は、やがて核反応を起こすのでしょうか。

いいえ、私たちの太陽の核融合反応はこれで終わりです。私たちの太陽は質量がさ

ほど大きくなく、重力がさほど強くありません。熱源を失って縮みきった状態でも、中心部の温度と密度は炭素や酸素の核融合を起こすレベルには達しないのです。

今度こそ本当に熱源を失った太陽は、小さく小さく縮んでいきます。ついでにこのとき、結構熱くなります。この章の最初でちらりと述べましたが、収縮する星は熱を放射するのです。

中心部の熱源が消えているのに、太陽の表面は現在よりも高温になり、1万度を超えます。熱源がなくなったり温度が高くなったりそれでも炭素や酸素は核融合しなかったり、このあたりのストーリーは複雑です。

そうして私たちの太陽は酸素や炭素や燃え残りのヘリウムからなる小さな星になります。その半径は1万キロメートル程度、つまり地球くらいの大きさです。

地球くらいの大きさで、質量は（だいぶ外層が吹き飛ばされて軽くなりますが）だいたい太陽程度、そして表面温度は約数万度というのですから、これはじつに異様な天体です。このような状態にまで進化した星を「白色矮星《はくしょくわいせい》」、英語で「white dwarf」といいます。「dwarf」はファンタジーや神話に登場する小さな人です。

燃え尽きた白色矮星はその後、ゆっくりと時間をかけて冷えていきます。核反応が止まった直後のできたてだとまだ表面温度は数万度あります。1億年ほどたつと約1万度まで冷えます。その後何十億年もかけて冷えた白色矮星は、もう「白色」というより赤色か褐色と呼んだほうがいいかもしれません。

私たちの太陽の（予測できる）進化はここまでです。白色矮星になった私たちの太陽はこれ以上目立つ変化をしません。別の星にぶつかったり、超巨大ブラック・ホール（後述）に呑み込まれたりするまで、冷えながら宇宙をさまよい続けます。


私たちの太陽程度の質量の恒星は、宇宙にたくさん浮いています。私たちの太陽は平凡な星なのです。

そういう平凡な星々は100億年ほどかけて白色矮星に進化し、冷えながら宇宙をさまよい続けると考えられています。

惑星状星雲「NGC 2440」

中心の小さな白点が白色矮星。周囲を取り囲むのは惑星状星雲NGC 2440。その正体は白色矮星が形成される過程で放出されたガス。ハッブル宇宙望遠鏡による撮影。

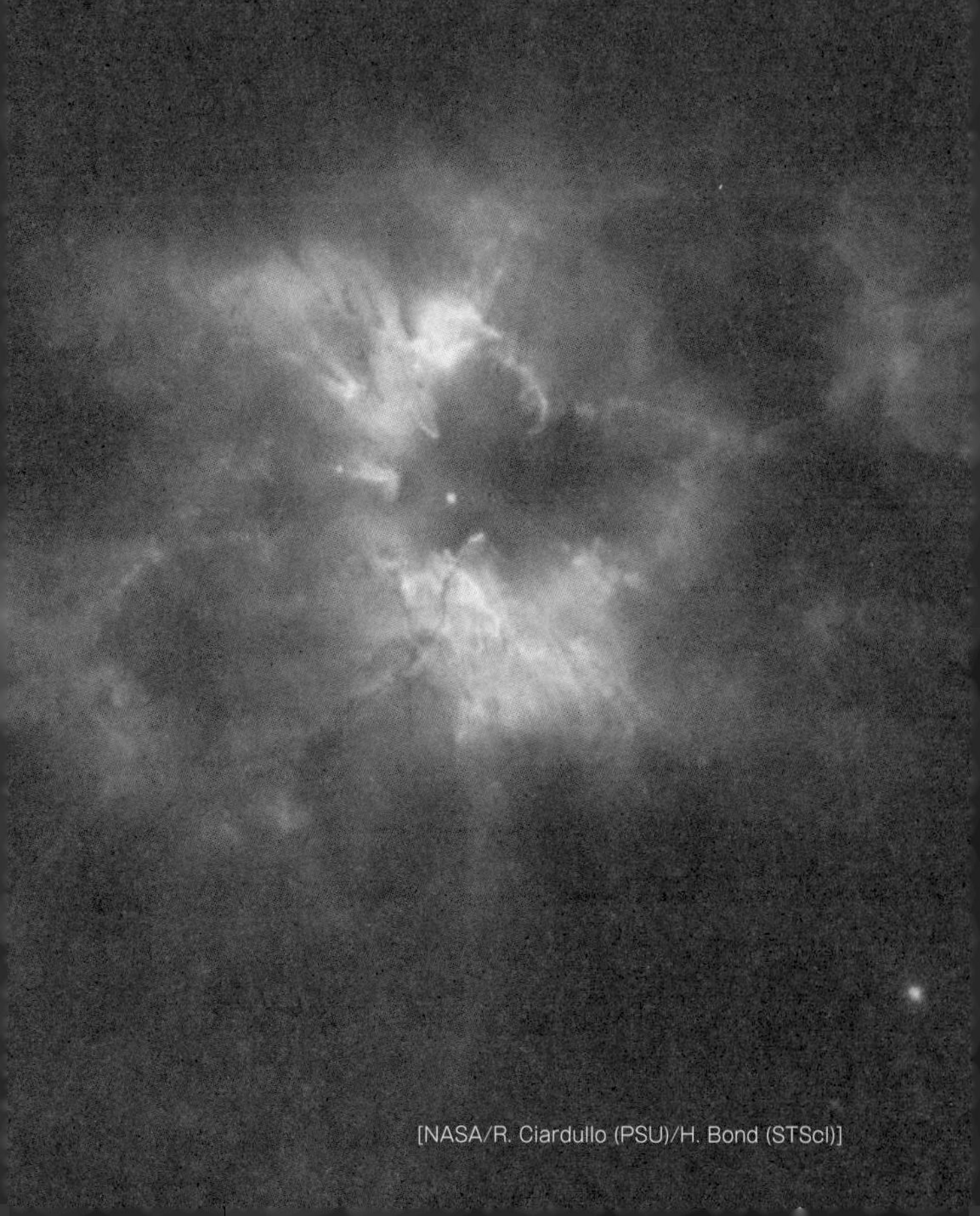

[NASA/R. Ciardullo (PSU)/H. Bond (STScI)]

ビッグ・バンで宇宙が創成してから138億年ほど経過しているので、初期にできた恒星は白色矮星に進化しています。炭素と酸素からできている白色矮星が宇宙に浮いています。たとえば夜空にまばゆく輝くシリウスの見えない伴星「シリウスB」などが（天文学者に）有名です。

ところで、できたての白色矮星は熱く、私たちに身近な通常の原子は存在できません。原子核と電子がばらばらに飛び回るガスでできています。けれども何億年もかけて冷えた白色矮星は、原子核と電子がくっついて原子ができるほど冷えてきます。

とはいえ白色矮星の内部は高密度・高圧なので、私たちの身近にあるような物質の状態とは違います。高密度・高圧下で共有結合結晶を作るかもしれません。

さて白色矮星内部の炭素が高密度・高圧下でもし共有結合結晶を作るとすると、この状態の物質はある名前で呼ばれます。ダイヤモンドです。

私たちの太陽は、遠い将来には、巨大なダイヤモンドに進化するかもしれません。宇宙にはそういうダイヤモンドの星が浮いているのかもしれません。

15 宇宙に浮かぶ「巨大なタマネギ」

私たちの太陽は、やがて水素を使い果たし、続けてヘリウムを使い果たし、縮んで白色矮星になってしまいます。

あらゆる恒星はしまいに白色矮星になってしまうのでしょうか。

そういうわけではありません。星のたどる進化の道は質量によって分かれます。

質量が太陽の半分以下の軽い星は、水素の核融合が止まったあとヘリウムの核反応が始まりません。収縮しても、ヘリウムが核反応する温度と密度に達しないのです。そういう星はヘリウムを主成分にする白色矮星になるはずです。

「はずです」というのは、まだ確かめられていないからです。そういう軽い星は水素の反応率も低くて、水素がしょぼしょぼ使われるために長持ちします。計算によれば、宇宙の始まりから燃え続けてもまだ燃料が持ち、白色矮星の段階まで進化が進んでいないはずです。あと500億年も待てば、そういう星が白色矮星になり、理論的な予想が確かめられるでしょう。


太陽より質量の大きな星はまた別の道を進みます。

まず第一に、そういう星では水素をじゃんじゃん使います。質量の大きな星では、水素の原子核が炭素の原子核や窒素の原子核や酸素の原子核に衝突する形で核反応が進みます。

この方式の核燃焼は、炭素C、窒素N、酸素Oの元素記号から「CNOサイクル」という名がついています。一方、私たちの太陽の内部で起きている、水素の原子核どうしが衝突することによって進む核燃焼を「ppチェイン」といいます。pは陽子（proton）、つまり水素の原子核を指します。

太陽の30倍程度の質量を持つ大質量星では、水素がCNOサイクルでじゃんじゃん使われ、1000万年程度で（中心部では）枯渇《こかつ》します。1000万年というと宇宙の時間スケールでは一瞬です。大質量星は資源を一瞬で使いきってしまうわけ

まるでタマネギ!?「大質量星」

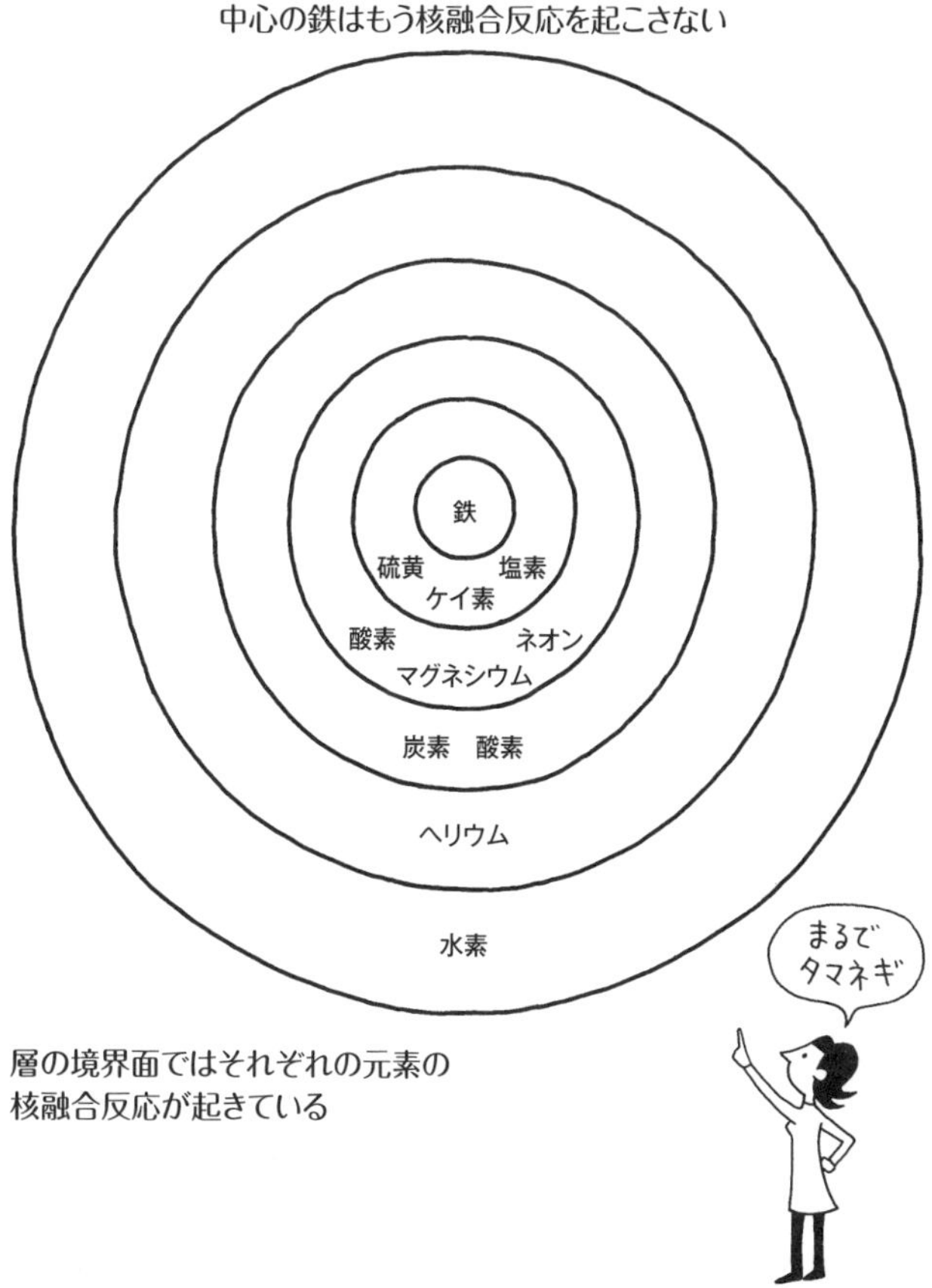

大質量星の内部のタマネギ構造。ただし星の内部は対流などでかき混ぜられるため、このままの構造が観測されるわけではない。

で、はなはだエコでないです。

水素を使いきった大質量星はヘリウムを核燃料に使い出し、これは水素よりも短時間で（中心部では）なくなります。

太陽と運命が分かれるのはここです。大質量星がちょっと身を縮めると、その中心部の温度は数億度を超え、密度は10キログラム／立方センチメートルを突破します。すると炭素や酸素の核反応が始まります。炭素や酸素が尽きたら次はネオンです。大質量星は次々と重元素を核融合させ、核反応を継続します。白色矮星にはなりません。

こうして中心部で次々と核燃料がバトンタッチし、重い元素が作られていきます。作られた元素は（もし対流などでかき混ぜられなければ）星の内部に溜まって前ページ図のようなタマネギ構造を構成します。宇宙に浮かぶ巨大なタマネギができあがります。

16 超新星が爆発すると、地球上の生物が大絶滅する?

太陽の数十倍の大質量星では、中心部で次々と重い元素が核融合をしていきます。この核燃料の交替はケイ素で終わりです。中心部にはケイ素が反応してできた鉄が溜まり、ここで核融合反応は停止します。

水素から鉄にいたるまでは、核融合によってエネルギーを取り出せましたが、鉄を核反応させてもエネルギーは得られません。逆にエネルギーを注ぎ込んでやらないと、鉄は核融合も核分裂も起こせません。鉄は核反応において「安定」なのです。鉄は核反応のいわば灰です。

中心部に鉄を抱えた大質量星は、熱源を失い、今度こそぎちぎちに密度を高めます。鉄といえば硬《かた》くて密度の高い物質というイメージがありますが、大質量星の中心部はそんな生易《なまやさ》しいものではありません。水素やヘリウムが核融合する密度を超え、白色矮星の中心部よりも過酷な状態です。私たちの知っている鉄をもしそこに放り込んだら、たちまち10万分の1以下の体積に圧縮されてしまいます。

そして密度がある限界を超えると、とうとう鉄の原子核が潰れます。

大質量星の中心に埋め込まれた、太陽よりも質量の大きな鉄のかたまりが、一瞬にして縮潰《しゅくかい》(縮んで潰《つぶ》れる)し、半径10キロメートルほどの粒になってしまいます。この粒は「中性子星」と呼ばれる、超高密度の物体です。また、この縮潰は「重力崩壊」と呼ばれます。

大質量星の中心部が潰れて小さな中性子星になるとき、外層部は逆に宇宙に向かって吹き飛びます。

中心部の半径はおよそ1000キロメートルから一瞬で縮んで数十キロメートルになるので、これは膨大な質量が1万キロメートルの高さから、落下することに相当します。この落下のエネルギーがほんの少し外層部に跳ね返ると、外層部は秒速数千キロメートルでふっ飛んでしまうのです。

ある学生は卒業論文の発表会で、この様子を「クシャーッとなってドカーン」と

「超新星爆発」のしくみ

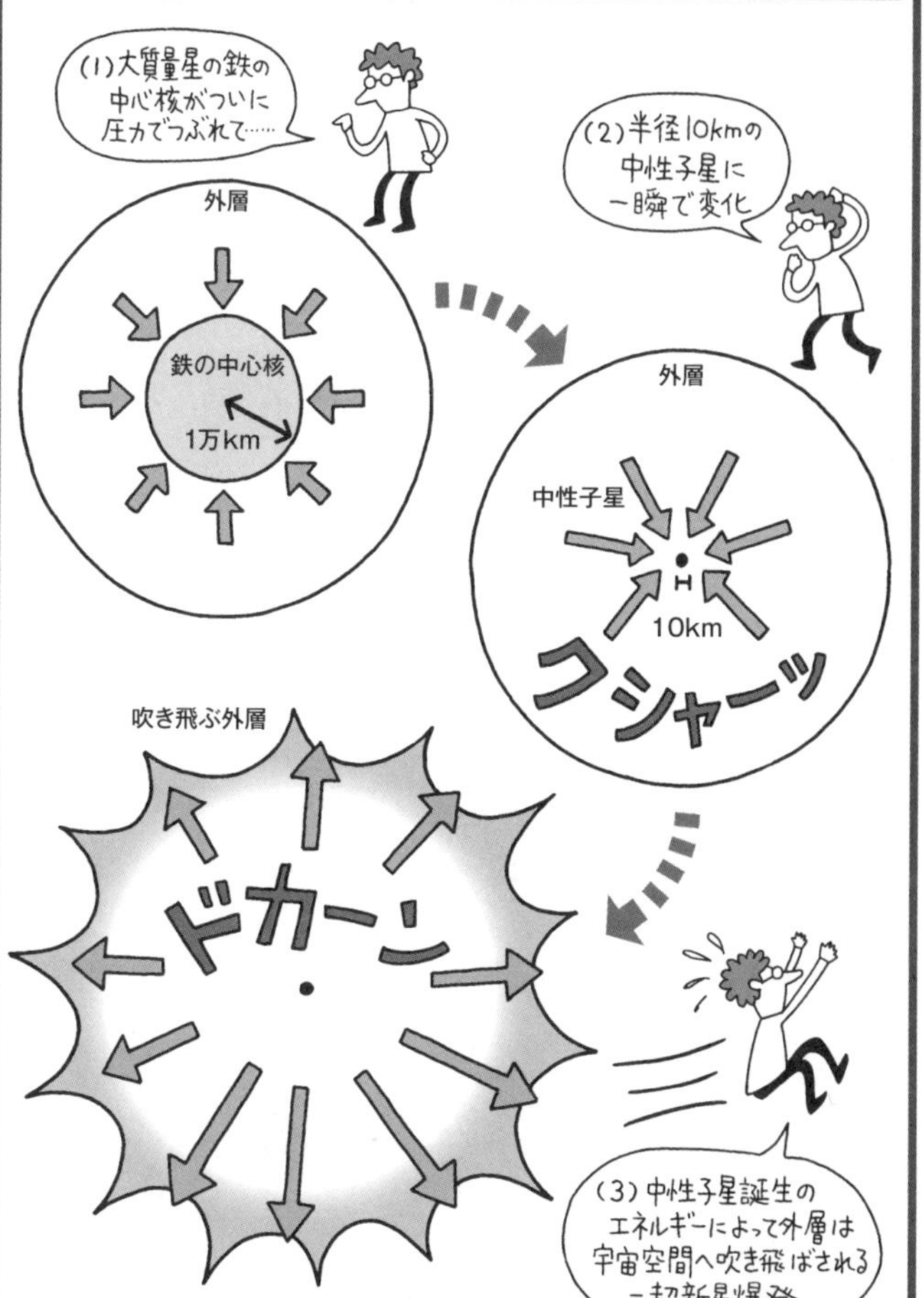
(1)大質量星の鉄の中心核がついに圧力でつぶれて……
外層
鉄の中心核
1万km
(2)半径10kmの中性子星に一瞬で変化
外層
中性子星
10km
コシャーッ
吹き飛ぶ外層
ドカーン
(3)中性子星誕生のエネルギーによって外層は宇宙空間へ吹き飛ばされる
=超新星爆発

説明し、会場の笑いを誘いました。なかなか言い得て妙です。

大質量星がクシャーッとなってドカーンとなる中で、その物質は原子核も耐えられない高温に熱せられます。せっかく作られた炭素の原子核や酸素の原子核やケイ素の原子核はこの地獄の劫火《ごうか》の中で砕け散ります。

このとき放出される全エネルギーは、私たちの太陽がその100億年ほどの生涯に放射するエネルギーの100倍にもなります。それだけのエネルギーが爆発の瞬間に噴出するのです。

遠くからこれを見ると、私たちの太陽の約1000億倍もの明るさの星が突然、輝き出したことになります。銀河さえもかき消すまばゆさです。

この凄《すさ》まじいドカーンには「超新星」という名がつけられています。

超新星は宇宙で最大規模の大爆発です。

もしも私たちの銀河系の中、太陽系の近傍《きんぼう》で起きれば、夜空は昼間のように明るくなり、地球の生き物や他の惑星の生き物は何事が起きたのかと空を見上げるでしょう。この白夜は数カ月続き、夜行性の生き物の生活を乱すかもしれません。ただし北半球の星空で超新星が起きても、オーストラリアの生き物は気づかないことがあり得ます。南半球の星空で超新星が起きていたのに、北半球の占星術師や天文学者の記録に残っていないケースがあります。

超新星は可視光で明るいばかりでなく、強いX線やγ《ガンマ》線など放射線を出します。太陽系のごく近所でもしもドカーンが生じると、降り注ぐ放射線が増え、大気の化学組成を変え、生態系に影響をおよぼすかもしれないという人がいます。4億5000万年前に銀河系内で起きた極めて大型の超新星爆発（極超新星）がオルドビス紀の大絶滅を引き起こしたという説もあります。

近所迷惑なドカーンですが、幸い、頻繁に起こる現象ではありません。

銀河系では1000億個もの恒星が輝いていますが、超新星爆発を起こすほど大質量のものは多く生まれません。私たちの銀河系内で超新星爆発が起きるのはおよそ100年に1度程度の出来事と見積もられています。環境に影響をおよぼす近さ（100光年くらい）で起きるのは、数十億年に1度以下でしょう。

17 太陽の1000億倍の明るさの星はどう見える？

超新星爆発は、私たちの太陽の放射するエネルギー1兆年分を爆発の瞬間に放出し、太陽の約1000億倍の明るさで輝く、と述べました。

……が、これはどういう計算でしょうか。

太陽の放射エネルギー1兆年分を出すなら、太陽の1兆倍の明るさで1年間輝くことにならないでしょうか。

じつは、超新星の放出する太陽1兆年分のエネルギーのほとんどは、目にも見えず、周囲にも影響をおよぼさないのです。超新星の全エネルギーのほんの一部が電磁波として放射され、これが太陽の1000億倍の明るさとして観測されるのです。

超新星爆発の際、大質量星の中心部で、鉄の原子核は潰れてくっつき合い、中性子星が形成されます。この核反応はニュートリノという素粒子を大量に発生させます。

ニュートリノは電荷を持たないため、電磁気に反応しません。電荷を持つ電子や陽子は、電子どうし、陽子どうし、あるいは電子と陽子で、反発したり引き合ったり電磁気力をおよぼし合います。けれどもニュートリノはこれら電荷を持つ粒子のそばを無関心にすり抜けます。

ニュートリノは他の素粒子と、「弱い力」あるいは「弱い相互作用」という奇妙な名前で呼ばれる力（作用）をおよぼして反応します。弱い力はその名前のとおり弱く、つまりなかなか反応しません。

ニュートリノは物質の中をすかすか通り抜けます。計算によると、厚み1光年の鉛の壁をするっと通過します。

大質量星の中心部で大量に作られたニュートリノは、作られる端《はし》からどんどん宇宙へ逃げていきます。そして重力崩壊で生じたエネルギーをごっそり持ち去ってしまいます。たとえていうなら、炊飯器に穴が開いていて、いくら熱しても蒸気が漏れ、中の温度と圧力がさっぱり高まらないような状況です。

計算によると、このニュートリノの群れは重力崩壊のエネルギーのおよそ98パーセントを持って出ていってしまいます。もしニュートリノが目に見えたら、「ニュートリノ大爆発」とでもいうべき凄まじいニュートリノ放射が観察されるでしょう。実際は見えないので真っ暗です。

残された2パーセントのエネルギーは、元の星の外層部を熱し、外層部は宇宙空間に吹き飛んで派手な熱と光と衝撃波を生み出します。これが超新星爆発として目にとまるわけです。

つまり、私たち人間が観測する超新星爆発は、真の超新星のエネルギーのたった2パーセントです。

超新星爆発は余熱で1カ月程度は光り続けるので、その間は太陽の明るさの100億倍ほどに見えるという勘定です。

それにしても、夜を昼ほどに明るくし、生物の大絶滅を引き起こすかも、などといわれる超新星爆発は、じつは真の実力の2パーセントしか発揮していないわけです。ニュートリノが弱い相互作用しかしなくて、近所の生命にとっては幸いです。

さてかくも凄まじいニュートリノ大爆発ですが、かつて一度だけ、人間の検出器で捕えられたことがあります。

岐阜県の神岡鉱山の地下1キロメートルに、「カミオカンデ」という変わった実験装置があります。このカミオカンデは巨大な水タンクから成り、暗闇に置かれた膨大な水を光センサーが見張るという仕組みになっています。

ある種の素粒子理論の予想だと、長時間待てば水の中で「陽子崩壊」という素粒子反応が起き、すると光が発せられるので、この反応が起きたことがわかるという原理です。

このカミオカンデの建造された主な目的は、陽子崩壊を検出することでした。超新星爆発はなにしろいつ起こるかわからないので、目標としてはおまけのような扱いでした。

陽子崩壊は待てど暮らせど一向に起こらず、じつは現在にいたるまで起きていないのですが、かわりに遥か16万8000光年離れたマゼラン星雲で、星が1個超新星爆発で弾け飛びました。「超新星1987A」です。

この光とニュートリノは16万8000年飛び続けて私たちの太陽系に到達し、地球や私たちの（もし生まれていれば）体や神岡鉱山地下の水タンクを通過し、何事もなく飛び去っていきました。

しかしそのうち10個ほどのニュートリノが、電子と反応して光センサーを作動させました。ほとんど無反応なニュートリノですが、膨大な数の中にはわずかに反応する物があるのです。

この約10個のニュートリノにより、カミオカンデは超新星爆発のニュートリノを捕える天体観測装置になりました。

ニュートリノ天文学の誕生です。

カミオカンデと、後継装置の「スーパーカミオカンデ」については、観測装置の4章でまた触れます。

18 あなたも私も「もとは超新星の星くず」

さて宇宙開闢《かいびゃく》のビッグ・バンで、水素とヘリウムが誕生したことを覚えているでしょうか。

ガモフは水素とヘリウムだけでなく、日常身近なすべての元素がビッグ・バンのさなかで合成されると想像したのですが、そこのところはあてが外れました。ビッグ・バンの元素合成はヘリウムまでしか進みませんでした。

では私たちの身近な酸素や窒素や炭素やケイ素や鉄その他は、宇宙のどこから現れたのでしょうか。

答えは超新星爆発です。

超新星爆発と大雑把《おおざっぱ》に呼ばれる恒星の大爆発にはいくつか種類とメカニズムがあるのですが、これまで紹介したのは重力崩壊型・鉄原子核の光分解型というタイプです。私たちの太陽の12倍以上の質量を持つ恒星がたどる運命と考えられています。

超新星爆発には他に炭素爆燃型と呼ばれるタイプがあり、これは炭素の核融合反応が暴走して起きます。質量が太陽の4〜8倍の恒星では、中心部で炭素の原子核の核融合反応が急激に進行し、星全体を跡形もなく吹き飛ばすと考えられています。星1個が核爆弾となるわけです。炭素爆燃型の超新星は1型、重力崩壊型の超新星は2型と呼ばれます。

重力崩壊型では、それまで恒星が作り上げ溜め込んだ鉄やケイ素などの重元素の多くは中性子星の材料に使われてしまいます。（一度中性子星に取り込まれた物質は、宇宙の終わりまで出てくることはないでしょう。）

それに対して炭素爆燃型の超新星では、星が跡形もなく吹き飛ぶので、星の内部の物質はすべて宇宙にぶちまけられます。こちらによって、私たちに身近な酸素や窒素や炭素やケイ素や鉄が主に作られると考えられています。（細かいことをいえば、超新星爆発の劫火によって、それまで1000万年以上の時間をかけて作られ

炭素の核融合反応が暴走すると……

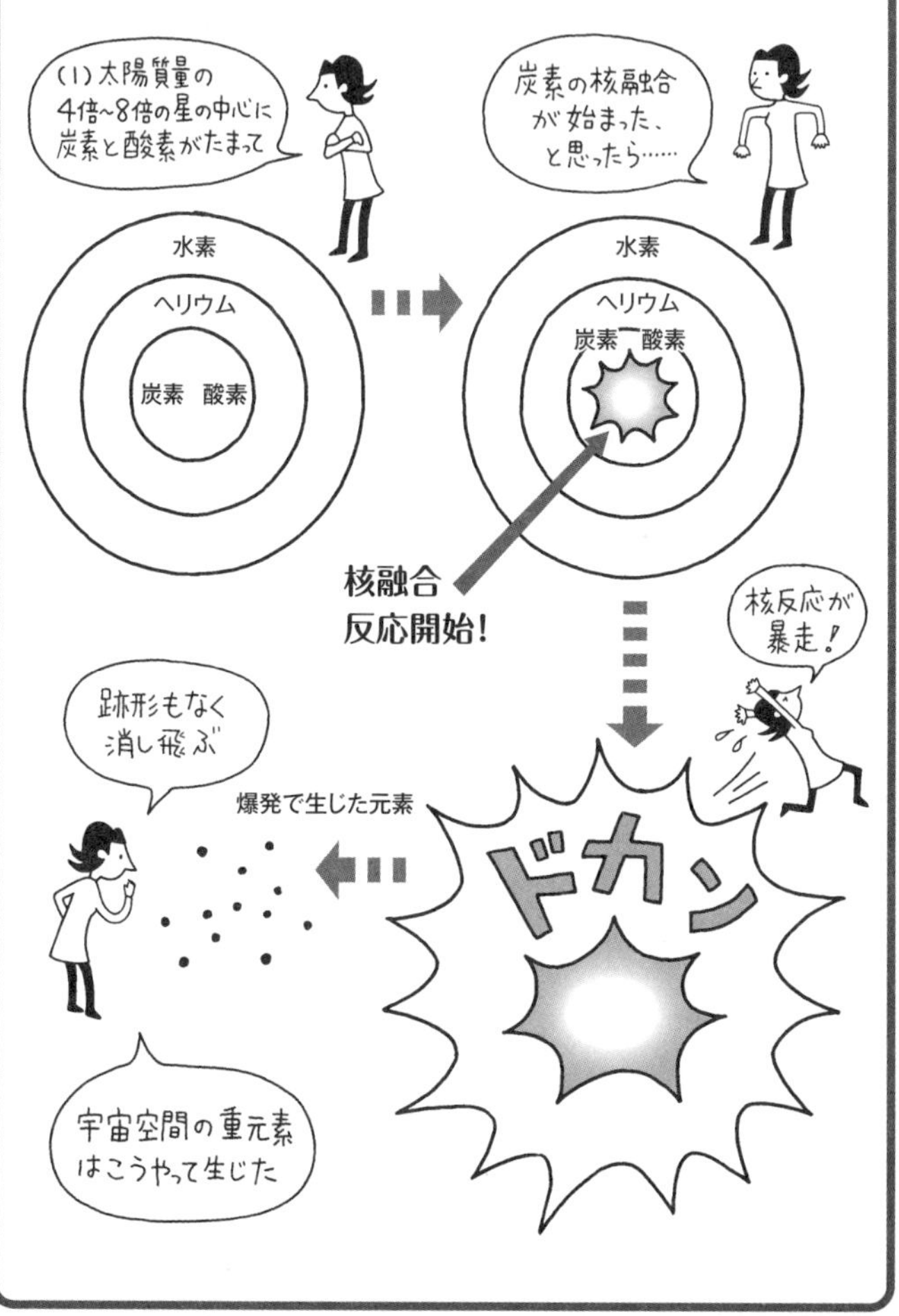

溜め込まれてきた原子はあらかた壊れてしまい、ぶつかり合って新たに作り替えられます。)

このときついでに酸素や炭素やケイ素や鉄のような身近でありふれた原子に加え、金銀やプラチナやタングステンやイリジウムやウランやその他重くて希少な原子がさまざま合成されます。こうしてようやく私たちの知っている元素群ができあがりました。

こうした元素群は超新星爆発のあと、宇宙を漂います。元から宇宙に浮いていた水素やヘリウムと一緒になり、よその星からきたガスと混じり合い、流れて渦を巻き、あるところでは薄く、あるところでは濃く広がります。

そして何かの拍子に一カ所に集まり始めます。他よりわずかに濃いガスの集まりができると、その重力で周囲のガスを引きつけ、ますます濃い集まりになり、次第に強力な重力を持ち、気がつくと星になっています。

星は縮まるにつれて温度と密度を高め、中心部で核融合が点火します。その周りを周回するガスの小塊は惑星を形成します。恒星系の誕生です。

私たちの太陽系も46億年前にそうして誕生したと考えられています。

恒星を巡る惑星の中には表面に、酸素と水素の化合物、つまり海を持つ惑星もあるかもしれません。海の中ではアミノ酸が連なりタンパク質ができるかもしれません。アミノ酸は水素と炭素と窒素と酸素、つまり恒星の核反応で豊富に作られる物質からなります。またデオキシリボ核酸やリボ核酸や他の高分子が、タンパク質を制御する機能を持つようになるかもしれません。

デオキシリボ核酸やリボ核酸、略してＤＮＡやＲＮＡは、やはり水素と炭素と窒素と酸素とそれからリンでできています。ＤＮＡやＲＮＡがタンパク質を合成したり操ったりする精緻《せいち》な仕組みは現在盛んに研究され、次第に明らかになってきています。あまりに精緻なので、他の恒星系の異なる環境と歴史がその仕組みをそっくり再現するとは考えにくく、おそらく異星の生命は別の分子を用いる別の仕組みを採用しているでしょう。

私たち宇宙の生命は、超新星の残骸《ざんがい》からできているのです。

19 重力が「地球の約2000億倍」の星

大質量星の奥底で誕生し、産声とともに大爆発を起こす中性子星とは、いったい何ものでしょうか。

（重力崩壊型）超新星爆発は、恒星の外層部が吹き飛び、膨大なエネルギーと物質とニュートリノを撒《ま》き散らし、生命の材料を提供するとともに近所の星々に迷惑をかけます。が、その原因となった中性子星はこの爆発でビクともしません。爆発の「噴煙」が鎮《しず》まり、宇宙空間が晴れ渡ると、そこには極めて小さく重くて硬い異常な星が現れます。その半径は10キロメートル、質量は太陽の1・4倍です。

半径10キロメートルというと、山手線の周囲がそのくらいです。なんだか歩いて探検できそうなサイズの天体です。

ただし中性子星の表面の重力は地球の約2000億倍という途方もない強さで、

立つことは不可能です。もし人間が立ったら、およそ1ミリ秒でぺっちゃんこに潰れて水溜まり状になってしまうでしょう。太陽よりも質量が大きな半径10キロメートルの小さな球に押し込まれているため、中性子星表面の重力は超強力なのです。

すでに、白色矮星という重くて小さな星を紹介しましたが、中性子星の半径は白色矮星の500分の1、密度は1億倍という、もうなんだかわけがわからない代物《しろもの》です。

中性子星から1立方センチメートルのかけらを切り出してくると、その質量は1億トンになります。1億トンというと想像するのに困る質量ですが、たとえば最大級のタンカーは50万トン（注1）なので、これの200隻分です。原油を満載した200隻の50万トン級タンカーを集めて、ぎゅうぎゅう圧縮し、1立方センチメートルの体積に押し縮めれば、中性子星の密度になります。

こんな高密度の物質は地球上には存在しませんといいたくなりますが、じつは身近にこれくらいの密度の物質がたくさんあります。

原子核です。

私たちの体や環境を構成する原子は、中心の小さくて重い原子核と、その周囲を取り巻く電子からできています。この原子核は、原子の質量の99・9パーセント以上を占めながら、大きさは原子全体の1万分の1程度です。原子核の密度は水の100兆倍程度です。なんの変哲もない通常の物質はその中に、こんな桁外れの核を隠し持っているのです。

さて中性子星はほとんど中性子という物質からできています。中性子は原子核の構成要素です。原子核の材料である中性子が、原子核と同じ密度でくっつき合っているのだから、中性子星は一つの原子核だといってもいいでしょう。宇宙に浮かぶ巨大な原子核です。

注1 かつては50万トン級のタンカーが建造されましたが、2014年現在現役の50万トン級タンカーはありません。

中性子星の密度はこんなにすごい！

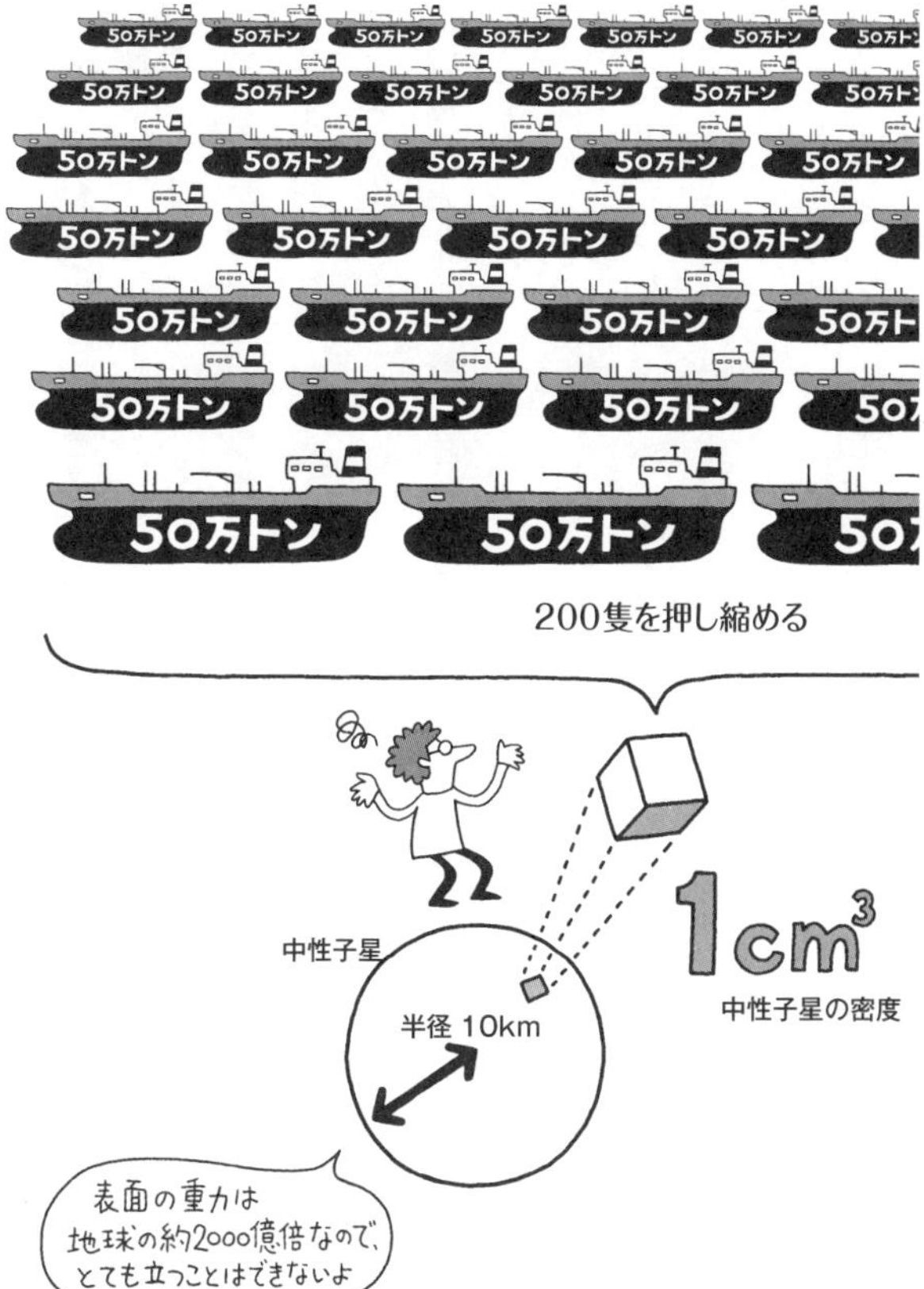

原油を満載した200隻の50万トン級タンカーを集めて、ぎゅうぎゅう圧縮し、1cm^{3}の体積に押し縮めれば、中性子星の密度。

20 これは「宇宙人からの信号」？

中性子星は想像を絶する異常な天体ですが、存在が予想された天体でもあります。１９３０年代に中性子が発見されると、ただちに物理学者フリッツ・ツヴィッキー（１８９８－１９７４）は中性子からなる星というアイディアを発表し、通常の星が中性子星に変化する際に超新星爆発が引き起こされるという、驚くほど正確な説を提唱しました。

この仮説は時代に先駆けすぎたのか、なかなか受け入れられませんでした。（ツヴィッキーはしばしば奇抜な主張をする人物だったようです。）中性子星が発見されてツヴィッキーの予想が証明されたのは、30年後です。

１９６７年11月28日、英国ケンブリッジ大学の電波望遠鏡が奇妙な電波信号を受信しました。信号は1・337秒の周期で規則正しく繰り返されています。こういうとき、研究者は別の装置の発する雑音を受信したのではないかとまず疑いますが、いくら雑音を遮蔽《しゃへい》しても1・337秒周期の信号は消えません。

大学院生スーザン・ジョスリン・ベル・バーネル（現博士・1943—）と指導教官のアントニー・ヒューイッシュ博士（1924—）は、信号が間違いなく空から来ていると納得すると、その電波源に「LGM—1」とあだ名をつけました。「LGM」は「緑の小人《リトル・グリーン・マン》」の略で、つまり「宇宙人1号」というような意味です。宇宙人からの信号ではないかと冗談が出るほど、その電波は不自然で謎めいていました。1秒おきに電波信号を発射する自然現象なんて聞いたことがありません。

宇宙で周期を持って規則正しく変化する現象といえば、真っ先に考えられるのは天体の自転と公転です。（そしてこの場合自転が正解です。）けれども自転にしても公転にしても、約1秒という周期は短すぎるように思えました。

たとえば地球を周期1秒で回転させることはできません。もしそれほど高速で回転すると、その遠心力は重力の2500万倍にもなり、地球はばらばらに飛び散ってしまいます。

まして太陽のような恒星なら、周期1秒で自転させると、物理学の法則に違反します。太陽の赤道は、光速を超える速度で動くことになってしまいます。これは相対性理論に反していて不可能です。

もしこの1秒が天体の自転周期に由来するなら、その天体は極めて小さく、表面重力は極めて強力なはずです。ここからその未知の天体の密度を計算すると、1立方センチメートルあたり100トン以上となります。こんな天体は……中性子星しか考えられません。

この天体が中性子星だとすると、電波を放射するメカニズムも理解できます。中性子星の内部では陽子と中性子が超流動状態となって渦を巻き、そのため超強力な磁場を持つと考えられます。そうなると中性子星は巨大な磁石として働き、周期1・337秒の自転にともなって電波を放射します。

やがてLGM－2号や3号が空に見つかりました。どれもこれも数秒の周期で規則正しく電波を宇宙に放っています。（宇宙人のしわざではなく、やはり自然現象

カニ・パルサー

X 線天文台「チャンドラ」で撮像したX 線写真。中心の中性子星《パルサー》を半径 1 光年のリングが囲んでいる。中性子星からはジェットが噴き出している。リングとジェットの材質は光速に近い電子。

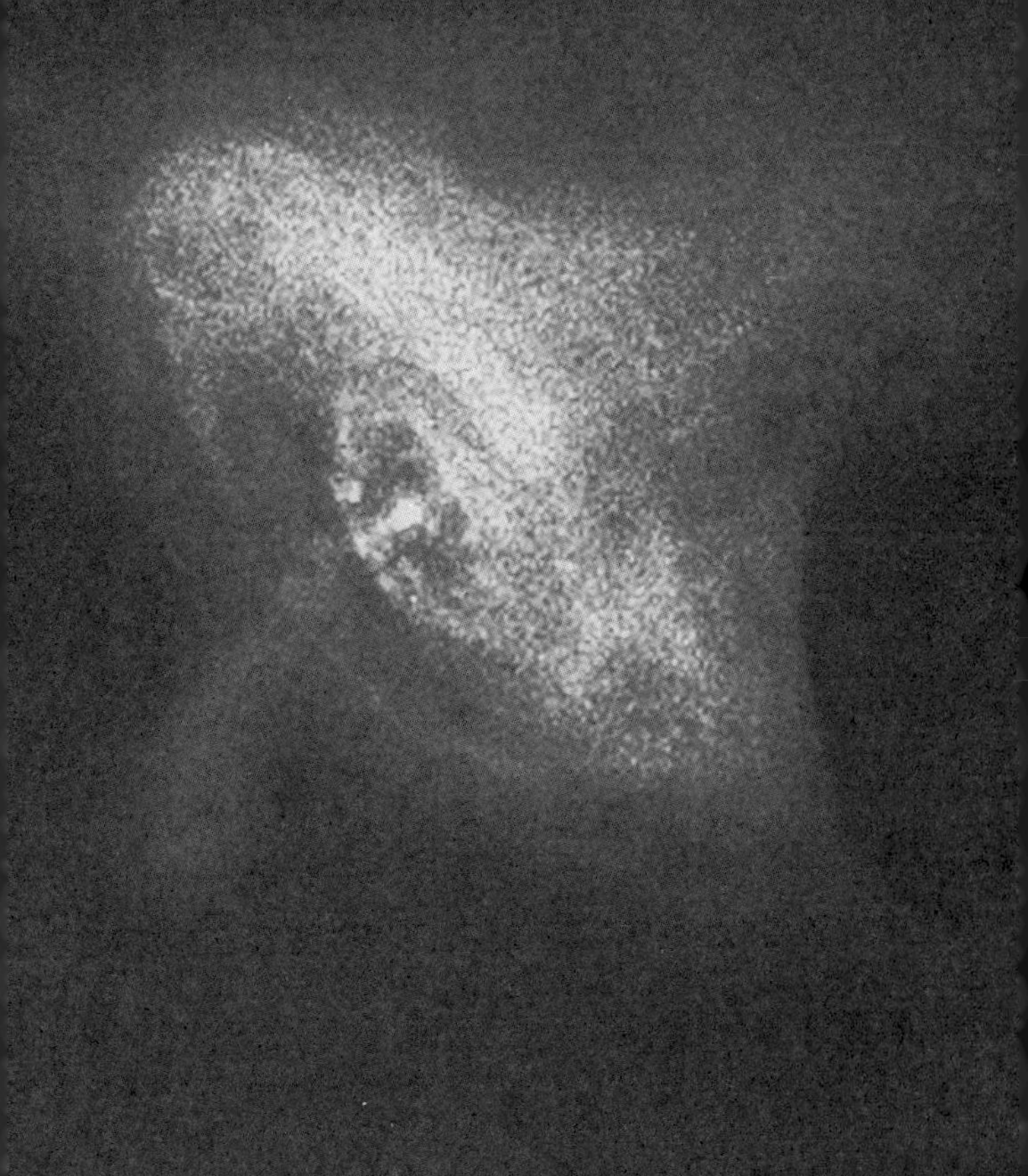

[NASA]

のようです。）こうしてツヴィッキーの予言した中性子星が30年後に発見されました。ヒューイッシュはノーベル賞を受賞しました。（バーネルは受賞しませんでした。）

電波を規則正しく放射する中性子星は「パルサー」とも呼ばれます。周期は0・01秒という高速回転をしているものから数百秒のものまでさまざまです。磁場が弱くてパルスしない中性子星も、とんでもなく強い磁場がときおり爆発を示すものまであります。しかし質量はどういうわけかほとんど差がなく、太陽の1・4倍程度です。

中性子星は私たちの銀河系内に15万個以上も浮いていると考えられています。通し番号をつけるならＬＧＭ－15万号になりますが、現在は別の命名法にしたがって名前をつけられています。

3章 世にも不思議な「ブラック・ホール」の世界

[NASA/Richard Yandrick (Cosmicimage.com)]

21 「宇宙に浮いた穴ぼこ＝ブラック・ホール」って何？

核燃料を使い果たすと、軽い恒星は白色矮星《はくしょくわいせい》になります。重い恒星は超新星爆発を経て中性子星になると考えられています。

ではもっともっと重い恒星、たとえば質量が私たちの太陽の数十倍かそれ以上の恒星が核燃料を使い果たすと、いったいどうなるでしょうか。質量の大きな白色矮星か中性子星になるのでしょうか。

大質量星は最後にブラック・ホールになってしまうというのが現在多くの研究者に受け入れられている答えです。

ブラック・ホールは宇宙空間に空いた穴ぼこのような存在です。この穴ぼこに落ちると、二度と出てこられません。光さえも脱出できず、ブラック・ホールは真っ暗です。（この反例についてはあとで触れます。）

けれどもこの答えが受け入れられて定説となるまで、侃々諤々《かんかんがくがく》の激論が交わされた歴史があります。天文学業界の大御所たちはブラック・ホールの概念を忌み嫌い、そんな珍奇な代物あるわけない、そんな説を唱える者は科学のセンスがないと評しました。

ブラック・ホール派が大勢《たいせい》を占めるようになるまでには、反発が一つひとつ反論され、観測的証拠が積み重ねられる必要があったのです。

なお、そうした「ブラック・ホールは存在するか論争」は、中性子星の存在が常識になる前に繰り広げられたため、しばしば議論において白色矮星のみが取り上げられて中性子星は無視される傾向があります。が、議論の基本は白色矮星にも中性子星にも当てはまります。

論争の始まりは1930年にさかのぼります。インドから英国に向かう船上で、19歳のインド人青年が（おそらく長旅の暇を持て余して）白色矮星について考察を巡らしていました。当時の最新理論である量子力学を応用して、白色矮星の内部構造を計算していたのです。

白色矮星が大変小さな星であることは知られていました。小さすぎて、当時の望遠鏡では見えないものもありました。なのに、連星の軌道運動などから白色矮星の質量を求めると、私たちの太陽程度のけっこう重いものもあります。小さいのに重いということは、これは白色矮星がとてつもなく大きな密度を持つことを意味します。

白色矮星の材料となっている、とてつもなく大きな密度の物質は、通常の固体でも気体でもなく、「縮退物質《しゅくたい》」と呼ばれます。その性質は「量子力学」によって説明されます。

量子力学は当時生まれたばかりの物理学で、その最新論文はインドの大学には届いておらず、青年は最新の資料を持っていませんでした。しかし彼の極めて鋭い知性は、不十分な資料を補って、白色矮星の究極の秘密を明かそうとしていました。

白色矮星の縮退物質は、ぎゅうぎゅうに詰め込まれた電子と原子核からなります。通常の原子は存在できません。高密度に圧縮された電子は、潰《つぶ》れまいと反発し返します。量子力学的な効果による反発力です。この反発力が白色矮星を潰れずに保っているのです。

白色矮星が重いほど、電子はより圧縮された状態で存在します。すると、電子の平均エネルギーは上がります。エネルギーの大きな電子は大きな速度を持ちます。白色矮星の質量がある値より大きくなると、電子の速度は光速に近くなります。光速に近い粒子からできている縮退物質は軟《やわ》らかく、白色矮星の重力を支えきれません。

青年の結論によれば、白色矮星の質量には（現在の計算では太陽質量の1・44倍の）限界があり、限界を超えた星は白色矮星として存在できずに潰れてしまうのです。量子力学と天体物理と相対性理論を組み合わせて得られる驚くべき結果です。

この質量は青年の名をとって「チャンドラセカール限界質量」と呼ばれます。天才天体物理学者スブラマニアン・チャンドラセカール（1910－1995）の華々しい業績の最初の一つです。

22 星が潰れてしまう「現象」とは？

白色矮星の質量に上限があるとすると、それより重い星はどうなるのでしょうか。

今日の私たちはその答えを知っています。それより重い星は中性子星になり、中性子星の質量の上限を超えたさらに重い星はブラック・ホールになります。

中性子星は（白色矮星と違って）ぎゅうぎゅうに詰め込まれた中性子でできています。重力に対抗して星を支えるのは中性子の量子力学的な反発力です。これは電子の反発力が働く状況よりも高密度で働くのですが、それでも白色矮星と同様の限界があり、重すぎる中性子星は潰れてしまいます。

星が潰れるというアイディアは天文学者を恐怖させました。物質が潰れて、大きさのない点にまで縮小してしまう。それは不自然で病的で、物理学に反するように思われました。

不幸なことに、天体物理学の大家《たいか》アーサー・エディントン（1882－1944）もまた、若きチャンドラセカールの発見を受け入れられない一人でした。白色矮星の質量に上限があるという説をエディントンは学会の場で公式に否定し、エディントンのような権威がいうのだからチャンドラセカールは間違っているのだろうと多くの研究者が思い込みました。

やがては自分も天文学業界の重鎮になるチャンドラセカールですが、当時は若輩です。師に否定され、自信を失った彼はその分野の研究から離れてしまいます。（が、人類にとって幸いなことに、天体物理学から完全に離れてしまうことはありませんでした。）

チャンドラセカールの予想は、さまざまな反論にさらされ、どこかに間違っているところがないか、細部にいたるまで厳しく検証されました。（科学はこうした議論によって進展するのです。）

白色矮星内部の物質の反発力に限界がある、という計算に誤りは見当たりませんでした。誰が何度計算しても、相対性理論効果が効いてくる極限高密度になると、電子からなる縮退物質は恒星の重量を支えきれなくなります。さまざまな補正を加えて細かく計算すると、その限界質量は私たちの太陽の1・44倍になるというのが現在の推定です。

中性子星についても同様の限界があり、太陽質量の3倍を超える中性子星は存在できません。

核燃料を失った恒星は、自分の物質を宇宙空間に流出させて重力崩壊を食い止めるだろう、と（エディントンを含め）多くの天文学者が期待しましたが、理論にも観測にも裏づけが得られません。恒星が質量を流出させる現象はあるのですが、最初の質量がそもそも太陽の数十倍もあれば、流出後に残った質量はやはりチャンドラセカール限界質量を超えてしまいます。

質量の大きな星が最後にブラック・ホールになる事態は、理論的にも観測的にも、どう研究しても避けられませんでした。

研究者が異常な存在として恐れおののくブラック・ホールとは、いったいどんなものでしょうか。

どんな星がブラック・ホールになるのか？

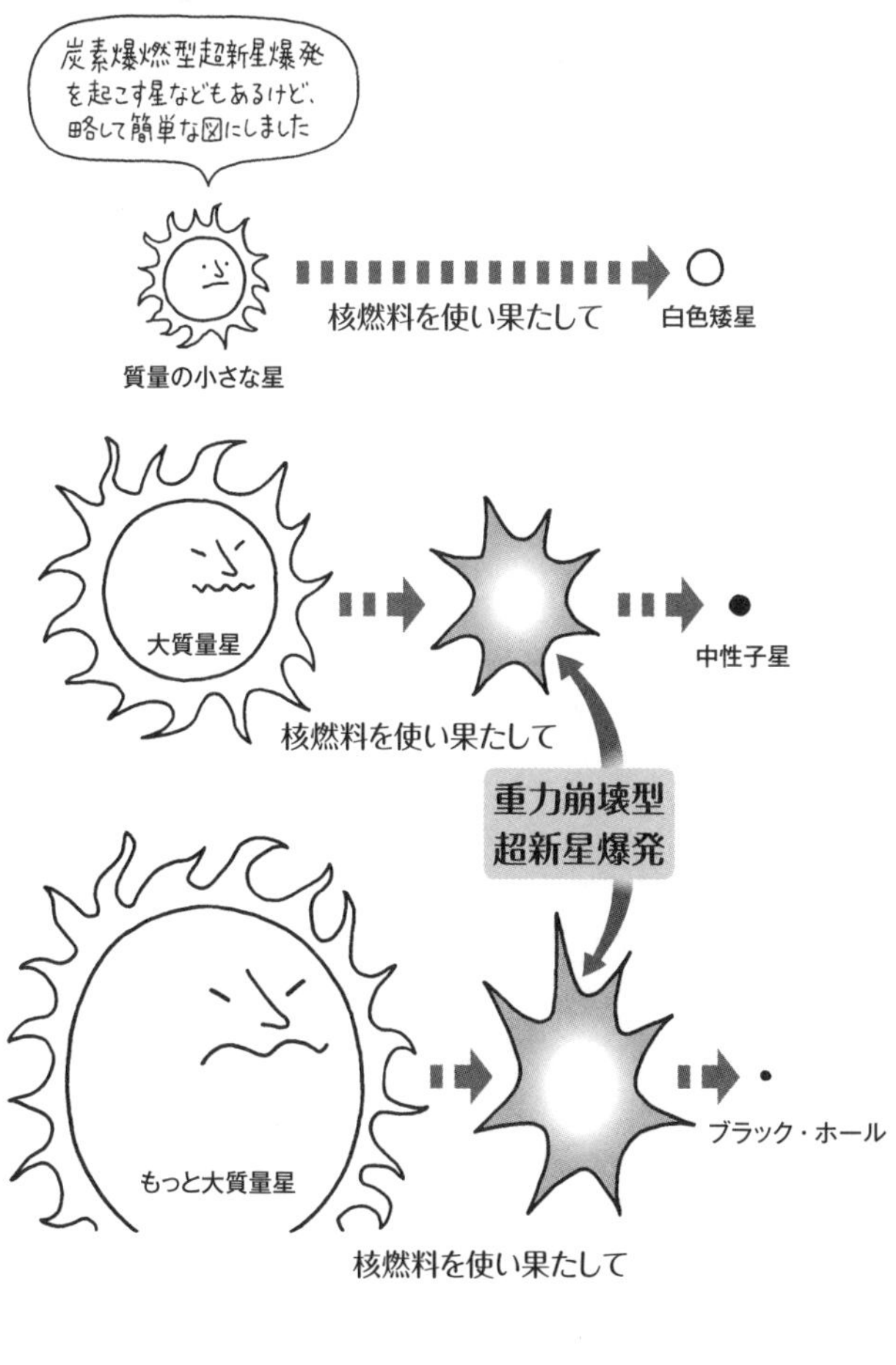

23 重力の強い場所では、時間はゆっくりになる

ブラック・ホールの奇妙な性質（のほとんど）は「シュヴァルツシルト解」と呼ばれる方程式から導くことができます。シュヴァルツシルト解はブラック・ホールの本質を表わしています。

１９１５年、アインシュタインが新しい重力理論である一般相対性理論を発表しました。

１章でも紹介しましたが、この理論によれば、時間と空間、あわせて時空は、伸びたり縮んだりぐにゅぐにゅでこぼこゆがみます。ゆがんだ時空の中を物体が通過すると、その軌道はぐにゅぐにゅでこぼこ曲がり、それが重力を受けた運動なのだ、というのがアインシュタインの理論です。（これを理解するのは世界で三人しかいないという冗談が当時いい交わされました。）

相対性理論を理解したのが何人だとしても、その中にドイツの天文学者カール・シュヴァルツシルト（1873－1916）が入っていたことは疑いありません。相対性理論が発表されると、シュヴァルツシルトはただちにその方程式の解を一つ発見します。相対性理論の複雑な方程式にまさか厳密解が見つかると思っていなかったアインシュタインは驚いたと伝えられます。

シュヴァルツシルトの解は「質点」が周囲におよぼす重力を表わすものでした。質点とは何のことでしょうか。少々注釈しましょう。

天文学においては、質点とは天体のことです。物理学や天文学には、大きさを持たない点状の質量、別名質点がしばしば登場します。地球や太陽のような巨大な物体も、広大な宇宙においてはその大きさが無視でき、質点とみなせます。太陽を周回する地球や惑星の軌道を計算する際には、太陽は重力をおよぼす質点、地球や惑星は運動する質点として扱われます。

何がいいたいかというと、シュヴァルツシルト解は、現在「ブラック・ホール」と呼ばれる異常な点状の存在を表わすとは当時思われていなかったということです。

シュヴァルツシルト解に登場する大きさを持たない質点は、物理を単純化するためのモデルと解釈されました。実際に大きさを持たない点が宇宙に浮かんで周囲に重力をおよぼしている、とシュヴァルツシルトが主張したわけではありません。

ではシュヴァルツシルトが明らかにした、一般相対性理論にしたがう天体の重力とはどんなものでしょうか。

まず第一に、時間がゆっくりになります。質点近くで過ごす人はゆっくり歳をとります。重力の強い場所、巨大な質量を持つ天体のごく近くまで旅行して帰ってくると、故郷では浦島太郎のように年月が過ぎ去っています。ただし地球の表面のような重力の弱い場所では、この効果は検出できないほど微弱です。

第二に、空間が伸びます。遠くから、巨大な質量を持つ天体の表面まで釣糸を垂らすと、その天体までの距離よりも長い釣糸が必要になります。

その天体までの距離がそもそも長かったというわけではありません。その天体までの距離は、その天体をぐるりと取り囲む円を描いてその円周から測ることができます。円周を2πで割り算して半径を出すと、半径だけの長さの釣糸を天体を囲む円から垂らしても、天体に届かないということが生じるのです。

一般相対性理論は第一次大戦のさなか、1915年に発表されました。当時ドイツの将校としてロシア戦線にいたシュヴァルツシルトは、砲弾の飛び交う戦場で、宇宙の姿を明らかにする新しい方程式に取り組み、世界を驚かす成果を上げます。

しかし戦場の劣悪な環境で悪い皮膚病に罹《かか》り、シュヴァルツシルトは1916年に病死します。相対性理論を理解する人が世界から一人減りました。長生きしてくれれば理論物理学をますます発展させてくれたことは疑いありません。戦争による文化の破壊の一例です。

24 光も脱出できない「宇宙の地獄穴」

地球上でボールを投げてみましょう。ボールは速さ数メートル／秒、肩の強い人が投げれば数十メートル／秒で飛び、やがて地面に落下します。

機械を使えば100メートル／秒以上の速さでボールが飛び、数百メートル遠くまで届くでしょう。

もっと大袈裟な、火薬や燃料を使ってボールを推進する装置を用いると、さらに速くボールを発射できます。ボールの飛距離はどんどん伸びます。

そしてボールの速度が11キロメートル／秒を突破すると、もうボールは地面に落下しません。宇宙へ飛び出して地球に戻りません。

ボールが無限の彼方へ飛んでいってしまう速度を「脱出速度」といいます。脱出速度より速いボールは地球を脱出してしまいます。脱出速度より遅いボールは脱出できず、地面に落下、つまりボールの軌道が地球の表面とぶつかります。(無限の彼方に脱出せず、地面にも落下せず、地球の周囲を周回し続ける衛星軌道もありますが、ここでは扱いません。)

ある天体から物体が脱出するための脱出速度は、天体の質量と、それから物体と天体の距離によって決まります。地球の表面、すなわち地球の中心から6000キロメートルの地点からボールが脱出するための脱出速度は11キロメートル/秒ですが、もっと高く、地球の中心から離れると、もっと小さな速度で脱出できます。たとえば地球の中心から38万キロメートル離れた月の位置から月が脱出するための脱出速度は1・4キロメートル/秒です。月の速度は1キロメートル/秒なので、もし月があと400メートル/秒だけ速度を増したら、地球から離れて宇宙を漂い出すでしょう。

質量の大きな天体の近くからボールが脱出するためには、ボールが大変速くないといけません。

もし地球の質量をそのままに、半径を1000分の1に縮めると、地球は半径6キロメートルほどの球になります。1周は40キロメートルなので、マラソンコース程度です。ただしこのミニ地球上の重力加速度は100万Gなので、体重は100万倍になり、マラソンするどころではありません。

このミニ地球の表面でボールを投げて無限の彼方に飛ばすには、350キロメートル/秒という滅茶苦茶な速度で投げないといけません。東京－大阪間を2秒もかからない速度です。

もし地球の半径を10億分の1に縮めると、地球は半径6ミリメートルの球になります。このマイクロ地球は天体というより粒です。表面の重力加速度は100京Gというなんだか見当もつかない大きさになり、そして脱出速度は光の速さを超えてしまいます。

これではマイクロ地球の表面から発した光は外に届きません。重力によって光線が曲がってマイクロ地球に戻ってしまいます。マイクロ地球の表面を外から観察す

投げたボールが落ちてこない!?

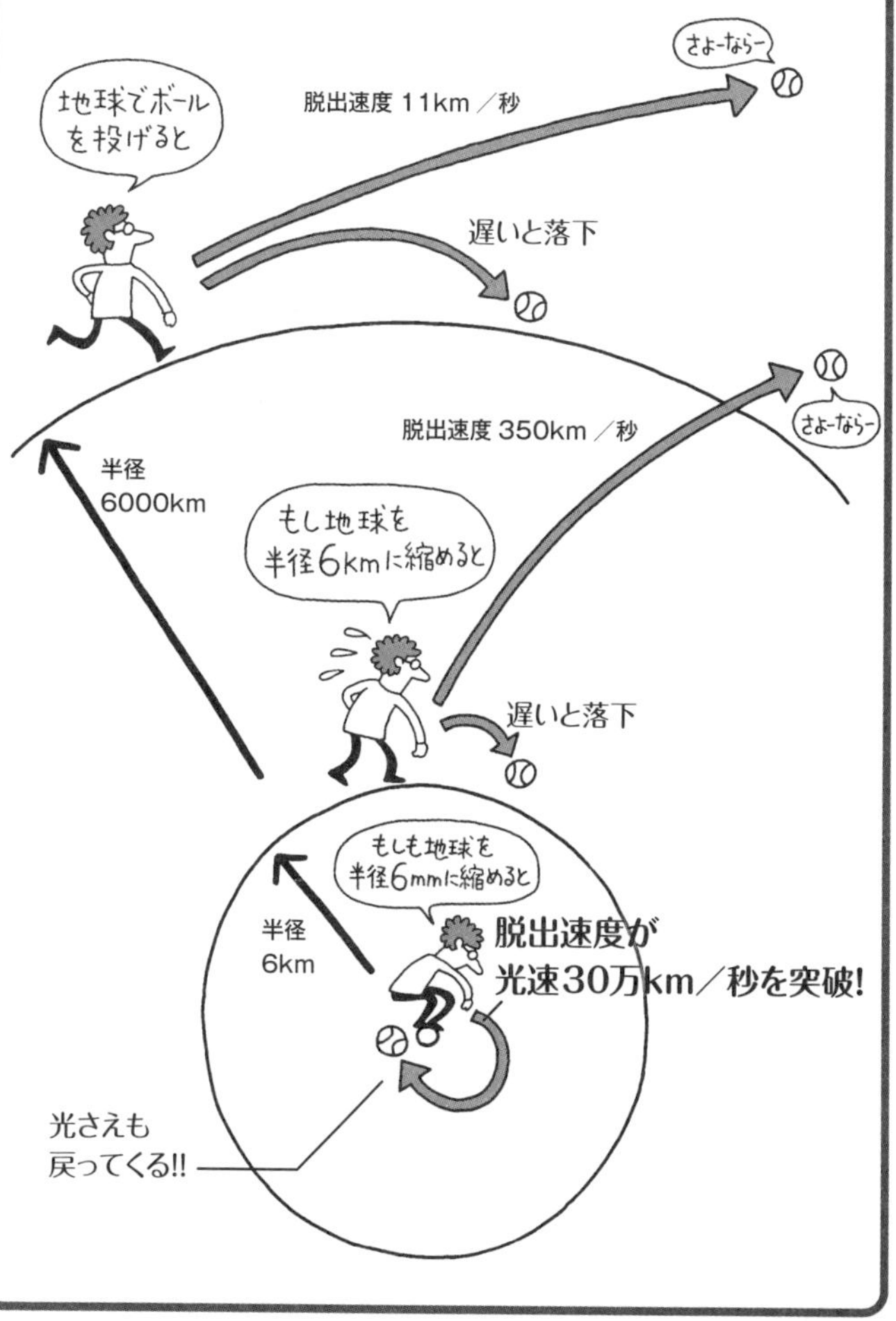

地球でボールを投げると
脱出速度 11km／秒
さよーならー
遅いと落下
脱出速度 350km／秒
さよーならー
半径
6000km
もし地球を半径6kmに縮めると
遅いと落下
もしも地球を半径6mmに縮めると
半径
6km
脱出速度が
光速30万km／秒を突破!
光さえも
戻ってくる!!

ることはできません。

ボールでも月でもなんでも、この世の物体を光速以上に加速することはできません。どんなに強力なロケットを使っても、30万キロメートル／秒以上の速度は出せません。どんな物体もいったんこのマイクロ地球に落ち込んだなら二度と出てこられません。

ということは、もしも天体がぎゅうぎゅう超高密度に圧縮されることがあるなら、宇宙の地獄穴とでも呼ぶべき奇妙な存在になってしまうということです。

このような、光でも何でも吸い込んで逃がさない存在は「ブラック・ホール」という名がついています。


さてこのような奇妙な物体ブラック・ホールは実在するでしょうか。

この問題は天文学者たちにさほど真剣に取り上げられませんでした。おそらくあまりにも奇妙で、真面目に議論するのが莫迦莫迦《ばかばか》しいからでしょう。

ニュートンが万有引力の法則を発見すると、ブラック・ホール（という名はまだありませんでしたが）がもしも存在するとしたらどのような天体か、ニュートンの重力理論に基づいて議論がなされました。

その暗い星は存在したとしても観測不能であろう、という当たり前の結論が出されると、そのお化けのような天体を研究したり望遠鏡で探そうとしたりする試みは、それ以上なされませんでした。

アインシュタインが新しい重力理論を提案し、シュヴァルツシルトがシュヴァルツシルト解を発表すると、この異常な天体の性質は理論的には調べられましたが、まさかシュヴァルツシルト解そのものが宇宙に浮いているとは誰も思わず、笑われる覚悟で探そうと試みる者はいませんでした。

チャンドラセカールがチャンドラセカール限界質量のアイディアを発表するまでは。

25 「空間を伸ばし、時間を遅くする」点

もしもマイクロ地球のような超高密度の天体、ブラック・ホールが存在したら、どのような性質を持っているでしょうか。シュヴァルツシルト解に基づいて予想してみましょう。

前々節で見たように、シュヴァルツシルト解は時間をゆっくりにしたり空間を伸ばしたり、不思議な性質を持ちます。そしてこの不思議な性質は、ブラック・ホールのような高密度天体において、極端な形で発揮されます。

ブラック・ホールに近づく宇宙船を外から観察すると、宇宙船の中の時計の進みは次第にゆっくりになり、やがて止まってしまいます。

ブラック・ホールの近辺では空間が伸びているため、外から観察していると、宇宙船の進みもゆっくりになります。外から観察していると、宇宙船の落下に無限の

時間がかかるため、宇宙船はブラック・ホールからある距離離れたところに停止します。

この宇宙船の停止する地点を「シュヴァルツシルト半径」といいます。シュヴァルツシルト半径では脱出速度が光速になります。シュヴァルツシルト半径の内側からは、何物も出てこられないと考えられます。ブラック・ホールに表面はありませんが、しばしば表面のように扱われます。

地球を押し縮めてブラック・ホールにすると、そのシュヴァルツシルト半径は9ミリメートルほどになります。太陽を押し縮めてブラック・ホールにすると、そのシュヴァルツシルト半径は3キロメートルほどになります。

ただしブラック・ホールの近くでは強力な「潮汐力《ちょうせきりょく》」が働くため、頑丈な宇宙船でないと、シュヴァルツシルト半径に近づく手前で壊れてしまいます。

宇宙船の船体のブラック・ホールに近い箇所には強い重力がかかり、遠い箇所にはやや弱い重力がかかるため、この重力の差は船体を引き伸ばして壊す働きをします。これが潮汐力です。

「潮汐」とは潮の満《み》ち干《ひ》のことです。ブラック・ホールではなく月による潮汐力は、地球の潮の満ち干の原因となります。宇宙船を引き伸ばして壊すかわりに海を引き伸ばして潮の満ち干を起こすわけです。

ブラック・ホールの重力の効果に、「赤方偏移《せきほうへんい》」というものがあります。ブラック・ホール近くから発した光を遠くの観測者が観測すると、波長が伸び、振動数が低くなって見える現象です。黄色の光なら赤っぽくなるので「赤方」偏移です。反対に遠くから発した光をブラック・ホール近くの観測者が観測すると、波長が短くなり、振動数が高くなる「紫方偏移《しほう》」が生じます。

この赤方偏移のため、シュヴァルツシルト半径に突進する宇宙船から発する光は弱く暗くなります。波長の長い光はエネルギーが弱く、また時間がゆっくり進む宇宙船からは発せられる光が減るからです。宇宙船がゆっくりになるにつれ、その姿は暗くなり、視界から消えるでしょう。

ブラック・ホールに落ちると……

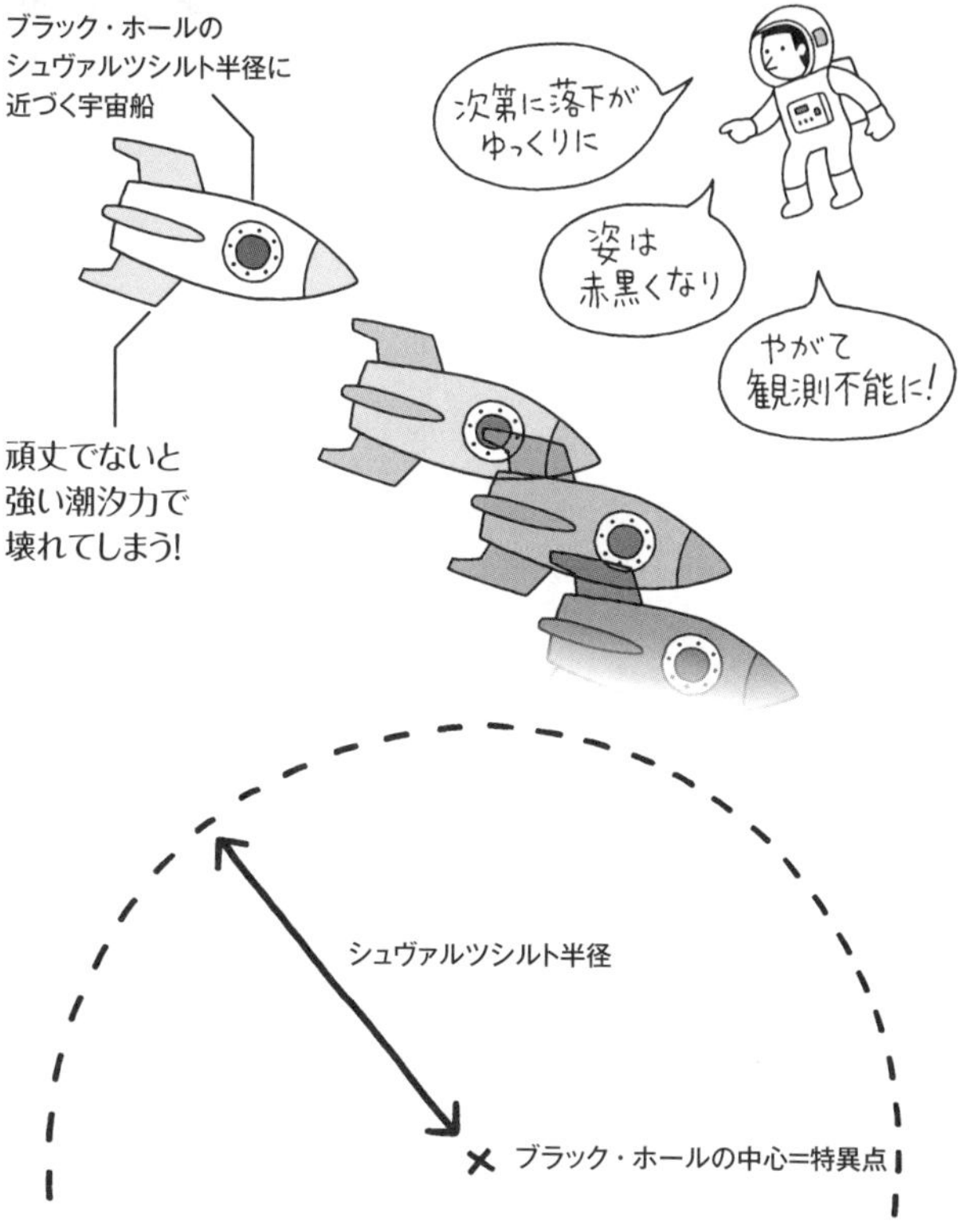
ブラック・ホールの
シュヴァルツシルト半径に
近づく宇宙船
次第に落下が
ゆっくりに
姿は
赤黒くなり
やがて
観測不能に!
頑丈でないと
強い潮汐力で
壊れてしまう!
シュヴァルツシルト半径
ブラック・ホールの中心=特異点

ブラック・ホールの近辺では空間が伸びているため、宇宙船の進みもゆっくりになる。外から観察していると、宇宙船の落下に無限の時間がかかるため、宇宙船はブラック・ホールからある距離離れたところで停止する。この宇宙船の停止する地点を「シュヴァルツシルト半径」という。

26 重すぎる星は最後に大きさのない質点になる？

さてシュヴァルツシルト自身もおそらく存在するとは思っていなかったブラック・ホールですが、チャンドラセカールが白色矮星の質量限界について発表すると、星の最後の運命として（しぶしぶ）検討されるようになります。もしもチャンドラセカールのいうように、質量の大きな星が自重で潰れてしまうのなら、大きさのない点状の存在になってしまうのではないでしょうか。

このあたりの議論はなんだか混乱しやすいので、もう一度整理しておきましょう。一般相対性理論から導かれたシュヴァルツシルト解によれば、質点は周囲の空間を伸ばし、時間をゆっくりにします。

シュヴァルツシルト解はあらゆる天体に応用できます（注1）。地球の重力に引かれて落下するリンゴも、地球を周回する月も、地球という質点によってゆがめられた時空を運動するために、まっすぐ等速で進めず、落下したり周回したりしているのです。

質点のごくごく近くでは、脱出速度が光速を超えるなど、異常で奇妙な現象が現れます。ニュートンの重力の法則にしたがう質点の近くでも異常な現象は現れるのですが、一般相対性理論はニュートンの法則よりもいっそう不可思議な現象を予測します。シュヴァルツシルト解の質点に落下する物体の時間は停止し、落下には無限の時間がかかり、赤方偏移によってその姿は赤暗く消えていきます。そしてシュヴァルツシルト半径の内側からは物体が出てこられません。

ただしこういう異常で奇妙な現象は、質点のごくごく近くで現れるため、極めて質量が大きくて極めて小さな天体でないと、そういう現象は観測できないでしょう。地球や太陽は、星の表面がシュヴァルツシルト半径よりずっと大きいので、シュヴァルツシルト半径付近は観察できません。星の表面付近でリンゴが落下しても、リンゴの落下が停止したりしません。（地面にぶつかると停止しますが、それは別の話です。）

地球は原子の反発によって大きさを保っています。太陽は高温のために原子が分解し、ばらばらの電子や陽子が気体状になっていますが、その気体の圧力で巨躯《きょく》を支えています。

しかしチャンドラセカールが明らかにしたように、電子からなる気体の圧力には限界があり、太陽質量の約1・4倍以上の星は自重を支えられません。電子ではなく、中性子という粒子からなる気体はもう少し重い自重を支えられますが、中性子の圧力にもやはり限界があり、太陽質量の3倍以上の中性子星は潰れてしまうと考えられています。

星が潰れてしまったらどうなるのでしょうか。研究者はこの問に、単純明快に「ブラック・ホールになる」といいきる勇気がなかなか出ませんでした。チャンドラセカール限界質量が提案されてから約40年間も、ブラック・ホール以外の運命はないか、研究者はあれこれ迷い探し求めました。そんな莫迦莫迦《ばかばか》しいものが実在すると主張したら、エディントンやアインシュタインのような大先輩に叱られそうです。

しかしあらゆる可能性を探し尽くしたジョン・アーチボールド・ホイーラー（1911－2008）は、ついに、重すぎる星は最後に大きさのない質点になるという確信を抱きました。「ブラック・ホールからは光も出てこない」と、ホイーラーは1967年の講演で述べました。（エディントンもアインシュタインも世を去っていて、ホイーラーを叱りつける心配はありませんでした。）

ホイーラーによる「ブラック・ホール」といううまい命名はあっというまに広まりました。もし宇宙論に流行語大賞があれば「ビッグ・バン」と並んで受賞でしょう。

注1　天体が自転していたり、電荷を持っていたりすると、シュヴァルツシルト解には当てはまらなくなってしまうのですが、ほとんどの天体の自転や電荷は無視できるほど小さく、シュヴァルツシルト解で十分です。

27 ついにブラック・ホールが見つかった

「ブラック・ホール」はじつにうまい命名ですが、ぴったりの名前をつければ研究者がそれを受け入れるというものでもありません。ホイーラらブラック・ホール実在派の主張が反対派を説得するまでには、さらに時間と論議と、それから証拠が必要でした。

ブラック・ホール実在の証拠は一つまた一つとあがってきて、それらは徐々にブラック・ホールの地盤を固めていきました。どうやらヤツは本当にいるのです。

地盤を固める杭の1本となった天体に「白鳥座X－1」があります。

白鳥座X－1はX線で明るく輝く天体です。白鳥座にある1番目のX線天体なので「白鳥座X－1」です。

普通の恒星は主に可視光《かしこう》で輝きますが、X線天体は主にX線を放射します。X線はエネルギーの高い電磁波で、普通の物体からは放射されません。数千万度以上の超々高温の物体や高エネルギー電子など、身近には存在しない極限状態の物体から放射されます。

1960年代にX線検出器を用いて宇宙を観測した研究者は、意外にたくさんのX線天体を発見して驚きました。はっきりいって、私たちの太陽以外にX線の源が見つかるとは思われてなかったのです（注1）。ところが宇宙には極限状態の物体がゴロゴロしていました。

いったいそういうX線天体は、どうやって超々高温や高エネルギー電子を作り出しているのでしょうか。身近な道具を用いる身近な物理現象ではとても無理です。ブラック・ホールや中性子星などがそのX線を出す道具ではないだろうか、という考えが提案されました。たとえばブラック・ホールと普通の恒星が互いの周りを周回する「連星系」をなしていて、恒星からブラック・ホールへガスが流れ込めば、ガスは潮汐力でぐちゃぐちゃにされ落下のエネルギーで加熱され、超々高温になります。ブラック・ホールや中性子星に落ち込むガスのエネルギーを計算すると、X線天体の放射エネルギーを説明できます。

白鳥座X－1の想像図を掲載しておきます。轟々《ごうごう》とガスが渦を巻いてブラック・ホールに流れ込んできます。

いやいや、とブラック・ホール懐疑派が反論します。中性子星がX線天体になり得るということは認めてもいいが、ブラック・ホールだという証拠はないだろう。X線天体の軌道運動の速度や周期を観測して調べると、天体の質量が判明するものもあります。

たとえば白鳥座X－1はそういう条件のよい天体です。白鳥座X－1でX線を放射する高密度天体の質量を計算してみると、なんと太陽質量の30倍にもなります。これは中性子星ではあり得ません。

白鳥座X－1の正体はブラック・ホールなのです。

ブラック・ホール「天体白鳥座 X-1」想像図

白鳥座 X-1 は恒星 (左) とブラック・ホール (右) の連星系。恒星からガスがブラック・ホールめがけて流れ、ガスは高温に熱せられて X 線を放射する。

[ESA, Illustration by Martin Kornmesser, (ESA/ECF)]

ほかにもブラック・ホールとしか思えないX線天体が次々見つかり、1990年ごろまでにはブラック・ホール懐疑派は説得されていきました。現在、ブラック・ホールと考えられているX線天体は銀河系内に30個以上見つかっています。

注1 太陽は普通の恒星で、X線天体ではありません。普通の恒星はほんのちょっとしかX線を放射しません。太陽はすぐ近くにあるので、そのほんのちょっとのX線を検出器で観測できます。

28 ブラック・ホールを取り囲む「円盤」

白鳥座X－1などのブラック・ホール天体がX線を放射する仕組みについて解説しましょう。

「連星系」は星が2個、互いの周りを周回するペアです。（もしも連星系が惑星を持っていたら、太陽を2個持つ惑星ではいったい夜空がどのように見えるか、興味あるところです。時計もカレンダーも恐ろしく複雑でしょう。）

連星系のうちには、片方の星がブラック・ホールのものがあります。どういう数奇な運命をたどったのでしょうか。

そういう系のうち、連星どうしが大変に近接して周回するものは、恒星の大気がブラック・ホールめがけて流れ込みます。

たとえば、ブラック・ホールめがけて、物を投げ込むとどうなるでしょうか。ブラック・ホールにスポンと吸い込まれるでしょうか。

なんでも吸い込む掃除機のようなイメージのブラック・ホールですが、じつはけっこう遠慮深く、投げ込んだ品物はブラック・ホールを周回してなにごともなく元の位置に帰ってくる可能性が高いです。まっすぐスポンと吸い込まれることは滅多にありません。

どういうことかというと、ブラック・ホールのなんでも吸い込むシュヴァルツシルト半径は極めて小さいため、物をシュヴァルツシルト半径に当たるように投げ込むためには精確に狙って投げなければならないのです。

ブラック・ホールめがけて流れ込んだ恒星大気は周回して戻ってきて、後続のガスとぶつかり、またブラック・ホールへ突進し、何回も何回も周回したりぶつかったりを繰り返したあとに、やっと押し合いへし合いしつつシュヴァルツシルト半径に吸い込まれます。

風呂の栓を抜くと、湯水が渦を巻いて小さな排水孔に吸い込まれますが、あれの宇宙版をイメージしてください。

まるで風呂の排水溝!?「降着円盤」

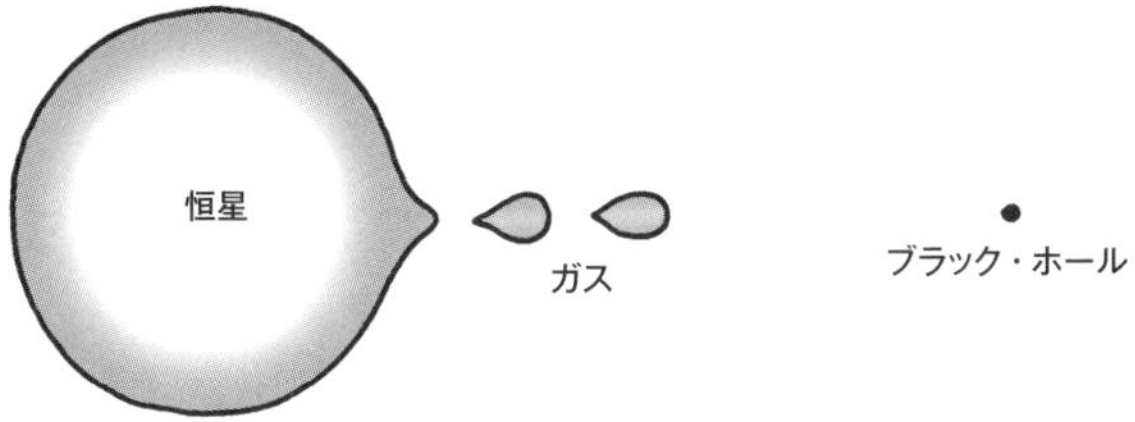

ブラック・ホールと恒星が互いの周りを周回する連星系。
なんらかの原因で恒星からガスがブラック・ホールへと流れ込むと……

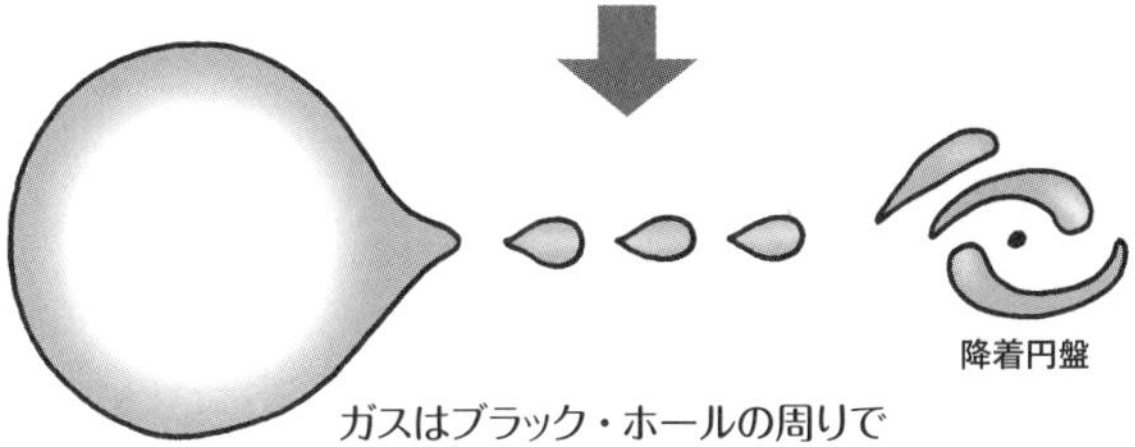

ガスはブラック・ホールの周りで
渦を巻き、降着円盤を作る

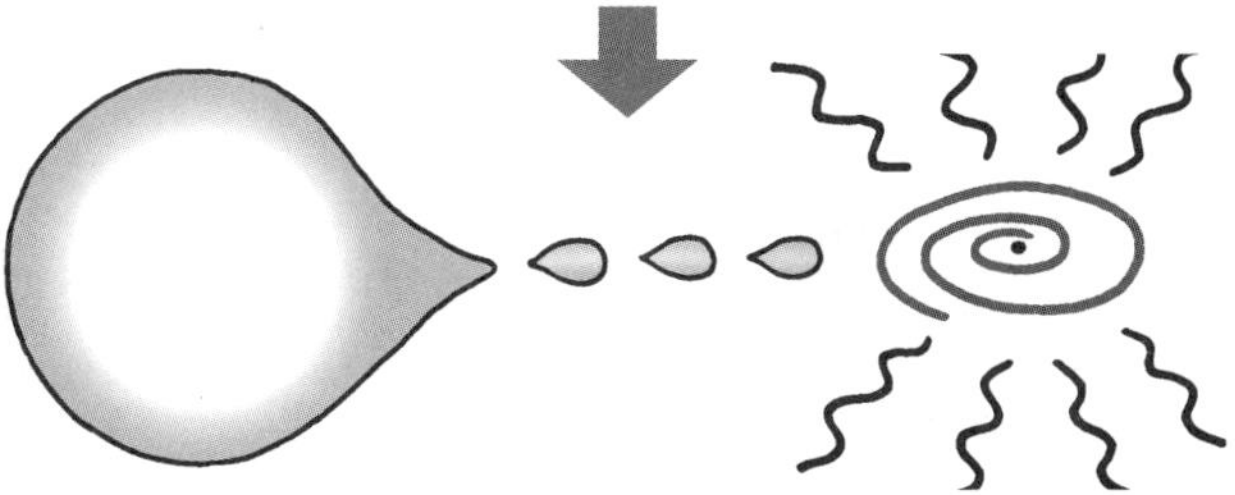

降着円盤は高温に熱せられて X 線などを放射する。
この X 線を検出することによって、いくつものブラック・ホールが
見つかっている。

近接連星系のブラック・ホールの周囲は、こういう渦巻くガスで取り囲まれることになります。ガスは円盤を形成します。「降着円盤《こうちゃくえんばん》」あるいは「アクリーション・ディスク」と呼ばれる円盤です。

遠慮深いブラック・ホールも、物質がグルグル降着円盤を形成した末に、周回しながらすぐそばまで寄ってくると、それを呑み込むことができます。ブラック・ホールが物を吸い込むには降着円盤という装置が必要なのです。

降着円盤は押し合いへし合いしながら極めて高温に熱せられ、可視光やX線や、ものによってはγ線を放射します。この熱の源は、ブラック・ホールに落ち込む物質の位置エネルギーです。高いところから落ちた物体は音を立てたり物を壊したりしますが、ブラック・ホールに落ちた物体は熱を発したりX線を放射したりするのです。

こうして空にはブラック・ホールを含む連星系がいくつもX線で明るく輝き、X線の研究者をびっくりさせ、ブラック・ホール懐疑派を説得するのに一役買いました。

降着円盤とは耳慣れない名前ですが、じつは現代天文学の極めて重要な研究対象です。

ブラック・ホールや中性子星に落ち込む物質は、このように降着円盤を形成しないとシュヴァルツシルト半径や中性子星表面に落ち込めません。宇宙のどこかでブラック・ホールや中性子星に物が落ち込むたびに降着円盤が形成され、可視光やX線やγ線やその他の電磁波を放射します。するとこの千載一遇の好機に天文学者がそれらを観測する装置を向けるのです。

あとで説明しますが、ブラック・ホール連星系のほか、クエイザー、超新星爆発、γ線バーストなど、輝く降着円盤が起こす現象は多々あり、研究対象となっています。降着円盤は宇宙で最も強力な放射源であり、これに比べれば恒星などたいしたことがありません。

現代天文学は降着円盤を観測する学問だといっても過言ではありません。

29 まさかこの速さ、「宇宙人のロケット」？

白鳥座X－1のブラック・ホールの質量は、私たちの太陽の30倍以上と推定されています。たいそう重くて、誕生の際にはさぞ盛大な超新星爆発を起こして周囲を驚かせたことと思われます。

白鳥座X－1のほか、いくつかの連星系のブラック・ホールの質量が求められていて、ほとんどは太陽の数倍から数十倍です。（一方、中性子星の質量を測定してみると、どれも太陽の約1・4倍にほぼ揃っています。中性子星が誕生する際、質量を揃えるようなメカニズムが働いていると考えられています。）

しかし宇宙には、白鳥座X－1などと比べ物にならない、超重量級ブラック・ホールが無数に存在していることがわかっています。その質量は太陽の数百万倍から数百億倍という、もう絶句するしかない数値です。

宇宙にそういうモンスターがひそんでいるらしい、ということは、X線ではなく電波の研究からわかってきました。ブラック・ホールの存在にいたるもう1本の経路をたどってみましょう。

電波アンテナが発明されると、人類はそれを天に向けて、電波天文学を始めました。宇宙に電波を放射する天体があることは、1930年代から知られていました。電波天体にはさまざまな種類があります。太陽や惑星も電波源になります。過去の超新星爆発の名残りの超新星残骸も明るい電波源です。1章では、宇宙のあらゆる方向から降り注ぐ宇宙マイクロ波背景放射を紹介しました。

中でも「クエイザー」と呼ばれる電波天体は、最初は距離もわからず、私たちの銀河系内にあるのか、それとももっと遠方に位置するのか、正体不明でした。もしも遠方にあるとすると、ここまで届く電波を発するそのエネルギーは莫大なものになります。

クエイザーを可視光などで観測すると、大変奇妙なスペクトラムが現れました。

地球上では見たことのないスペクトラムです。その奇妙なスペクトラムは、光速の数分の1という猛烈な速度によって赤方偏移していました。この光を発した物体は光速の数分の1という速度で向こうへ遠ざかっているところなのです。そのような速度で後退する物体からの光は、ドップラー効果によって波長が伸び、地球上では見たことのないスペクトラムとなるのです。

いったいこのような速度で動く物体の正体は何でしょうか。

宇宙人のロケットだという冗談をいう者もいました。ロケットの噴射を後尾から見ると、このようなスペクトラムになるかもしれません。

しかしクエイザーはいくつも空に散らばっているので、もしも宇宙人のロケットだとすると、宇宙はロケットでいっぱいということになります。天然自然の現象だという当たり前の可能性を検討したほうがよさそうです。

クエイザーの正体は宇宙人よりもある意味もっと不可思議な、超巨大ブラック・ホールでした。宇宙が膨張しているために、極めて遠方にあるクエイザーは光速の

M87の超巨大ブラック・ホール

楕円銀河M87の中心には太陽質量の200億倍の超巨大ブラック・ホールがあり、そこに物質が流れ込むことによって莫大なエネルギーが生じている。その一部はジェット状に噴き出し、宇宙空間に4000光年も伸びている。

[NASA/STScI/AURA]

数分の1の速度で遠ざかりつつあるのです。そして極めて強烈な電波を放射しているために遠くにあるにもかかわらず見えるのです。

その放射エネルギーを計算してみると、太陽の放射エネルギーの数兆倍、私たちの銀河系全体の放射と同程度という莫大なものになります。

クエイザーでは、母銀河の中心に位置する超巨大ブラック・ホールに物質が落ち込みながらエネルギーを放射していると考えられています。おそらくその銀河の星やガスは轟々と渦を巻いて超巨大ブラック・ホールに呑み込まれ、超高温に熱せられてX線やγ線を放ち、粒子加速器の中でしかお目にかかれないような粒子反応を起こして電波や粒子線を発しているのでしょう。

ブラック・ホールは極めて効率のよい「エンジン」です。

火薬の化学エネルギーは、1グラムあたりせいぜい5000ジュールほどです。1キログラムの水の温度を1度上昇させるほどのエネルギーが放出されます。

核反応だともっと効率がよくて、1グラムのウラン235から得られる核エネルギーは約1000億ジュールです。

しかしブラック・ホールの効率は桁違いで、1グラムの物質をブラック・ホールに投げ込むと、その物質が砕けて降着円盤を形成し、10兆ジュール程度の放射を行なうと考えられています。

1キログラムの水は蒸発し、水分子は水素と酸素に分解してさらに電子が飛び散り、100億度程度のプラズマになります。どんな燃料もかないません。

クエイザーでは、年に太陽1個ほどの質量が超巨大ブラック・ホールに呑み込まれ、この効率のよいエンジンで放射エネルギーに転換されていると考えられています。

30 天の川の中心にいる「巨大モンスター」

何十億年もの昔、宇宙と銀河がまだ若かったころ、クエイザーなど、活動銀河核と呼ばれる超巨大ブラック・ホールは盛んに活動して強烈な放射を行なっていたと考えられています。その放射は何十億年も宇宙を旅して、今私たちの電波望遠鏡や観測装置に飛び込んできているわけです。

そのころ、超巨大ブラック・ホールは食欲旺盛に星間ガスや星々や他のブラック・ホールを食べ、よく光り、よく成長したのでしょう。明るく輝く超巨大ブラック・ホールは、成長中の姿でもあります。

超巨大ブラック・ホールは銀河の中心部に位置するのが普通です。よその銀河の中心を観測すると、そこには超巨大ブラック・ホールが鎮座しています。まるで銀河の主《ぬし》です。

銀河に属する星々は銀河の重力にとらわれて銀河内を周回するのですが、銀河内で超新星爆発によって生まれたブラック・ホールはぐるぐる銀河内を周回しながら、ある種の摩擦によって、おそらく何十億年もかけて中心部に落ち込んだのでしょう。

私たちの住む天の川銀河の中心部を見てみると、やはりそこにはモンスターのような超巨大ブラック・ホールの気配があります。

銀河系の中心部には星が密集しているのですが、その星々の軌道を追跡してみると、どうも見えない巨大な質量の影響を受けているようなのです。その見えない質量は太陽の370万倍と計算されました。しかもその質量が、冥王星《めいおうせい》軌道くらいの狭い領域に詰め込まれています。この正体はブラック・ホールとしか考えられません。

これはじつに画期的な発見です。X線天文学者が発見したブラック・ホール連星系と、電波天文学者が発見したクエイザーなど活動銀河核は、現在盛んに物質を呑み込んでいるブラック・ホールです。呑み込まれる物質のエネルギーがX線や電波として放射されるために発見されたわけです。物質を呑み込んでいないブラック・ホールは、ご承知のとおり光も脱出できない、極めて暗い存在です。通常、とても発見できません。けれども天の川中心に存在する超巨大ブラック・ホール、人呼んで「射手座《いてざ》A*《エースター》」は、観測できるような放射をほとんどしていません。電波などをわずかに出しながら静かに浮いているだけです。極めて珍しい発見例です。

射手座A*は、過去にはやはり活動銀河核として盛大に物質を呑み込んだり降着円盤を形成して強烈な放射を行なったり、荒々しく活動していたと思われます。さもないと太陽質量の370万倍まで成長できません。

けれども現在は物質の供給が跡絶《とだ》え、休眠中のようです。今後も活動することはないのでしょうか。

一般に、超巨大ブラック・ホールを抱えている母銀河が大きな楕円銀河だと、超巨大ブラック・ホールも放射を盛んに行なって活動するという傾向が見られます。

天の川銀河の中心方向の可視光写真。超巨大ブラック・ホール射手座 A* が存在するが、見えない。
撮影場所：マウナ・ケア州立公園内ハレポハク

[撮影：谷津陽一（東工大）]

おそらく母銀河の活動性は、超巨大ブラック・ホールへの物質供給と関係があるのでしょう。

アンドロメダ座のアンドロメダ銀河は、私たちの銀河系よりひとまわりほど大きな銀河です。距離も約200万光年と、おとなりといっていい近さです。

このアンドロメダ銀河はあと30億年ほどたつと私たちの銀河系と衝突・合体し、巨大な楕円銀河になると予想されています。星間空間には衝撃波が走り、星形成が活発になり、さらに数十億年後にはアンドロメダ銀河中心の超巨大ブラック・ホールと私たちの射手座A*は衝突して一体となるでしょう。

そのときには合体した超々巨大ブラック・ホールはあたりの物質を呑み込んで、あらゆる波長域と重力波と高エネルギー粒子の過去最大の放射を行ない、物質をジェット流と化して銀河系外に噴射するでしょう。モンスターの復活です。

4章

最新の観測技術で、宇宙の果てが見えた!?

[NASA/Richard Yandrick (Cosmicimage.com)]

31 各国の天文台がハワイ島の山頂に集まる理由

この章では、宇宙の姿を明らかにする最新観測装置や観測原理を紹介します。中には、最新すぎてまだ実現していないものも混じっていますが、いずれもこれまでの宇宙観を一変させる発見をもたらす（と期待される）強力な道具です。

望遠鏡が発明されたのは1608年のことです。ガリレオ・ガリレイ（1564－1642）など当時の科学者は、レンズを自分で磨いて望遠鏡を手作りし、接眼鏡に目を押しあてて夜空を覗《のぞ》き、そこに現れた宇宙の真の姿に驚嘆しました。そして夢中でノートに記録しました。望遠鏡は、宇宙の姿を精密に記録し、研究することを可能にしました。それまで占星術と一緒くたにされていた天文学は、科学の一分野になりました。天文学者は星占いをしなくなり、かわりに望遠鏡を開発するようになりました。

望遠鏡の製作技術が向上するにつれ、天文学者の作る望遠鏡はより大型になりました。口径の大きな望遠鏡は多くの光を集めることができ、暗い天体も検出でき、明るい天体は細部まで観測できるのです。口径が何メートルもある見上げるような大型望遠鏡に比べると、ガリレオの手製の望遠鏡はおもちゃのようです。

そういう大型望遠鏡は専用の建物に納め、機械力で操作します。天文台です。天文台の建設に適した土地を天文学者は探し求めました。天気のよい、空気の澄んだ高地が最適です。天文学者は競って高山に登り、外界と途絶した幽境に、苦行僧のこもる修道院のような天文台を建造しました。

そうした天文台建設用地の一つが高度4200メートル、ハワイ島マウナ・ケア山頂です。天文学者はとうとう海の果てのハワイ島の聖なる山まで登り詰めてしまいました。

マウナ・ケア山頂の気圧は0・6気圧、海面気圧のおよそ半分です。

私たちは大気の層の底に住んでいます。気圧は頭上の大気の重量を表わします。

気圧が半分だということは、マウナ・ケア山頂に昇ると、そこから上の大気の層は2分の1だということです。

夜空の星はちかちかまたたくものです。このまたたきの原因は大気の擾乱《じょうらん》、つまり大気の乱れです。頭上の大気の中には温度差や密度差のある空気が上下左右に流れています。気流を貫いて星から届く光線は揺れ動きます。これが星の光をまたたかせ、天文学者は「今日は大気の状態《シーイング》が悪い」と不平をもらします。

頭上の大気の層が薄ければ、大気の擾乱の影響も少なくなります。また大気による光の吸収も弱くなります。そのため天体の観測データは質が桁違いによくなります。これがマウナ・ケア山頂まで天文学者を登らせるのです。4200メートルはたいていの雲よりも高いので、下界が曇っていても山頂では観測可能なのも嬉しいです。ただし、山頂では風が強くてしばしば観測できなくなるので、その点は不利です。

マウナ・ケア山頂の天文台団地には10以上の天文台が並んでいます。アメリカばかりでなく、世界の天文研究機関の出張所です。日本の天文研究機関「国立天文

ハワイ島マウナ・ケア山頂天文台団地

海抜4200mのマウナ・ケア山頂には世界各国研究機関の10以上の天文台が並んでいます。日本の天文研究機関「国立天文台」は「すばる望遠鏡」を設置しています。

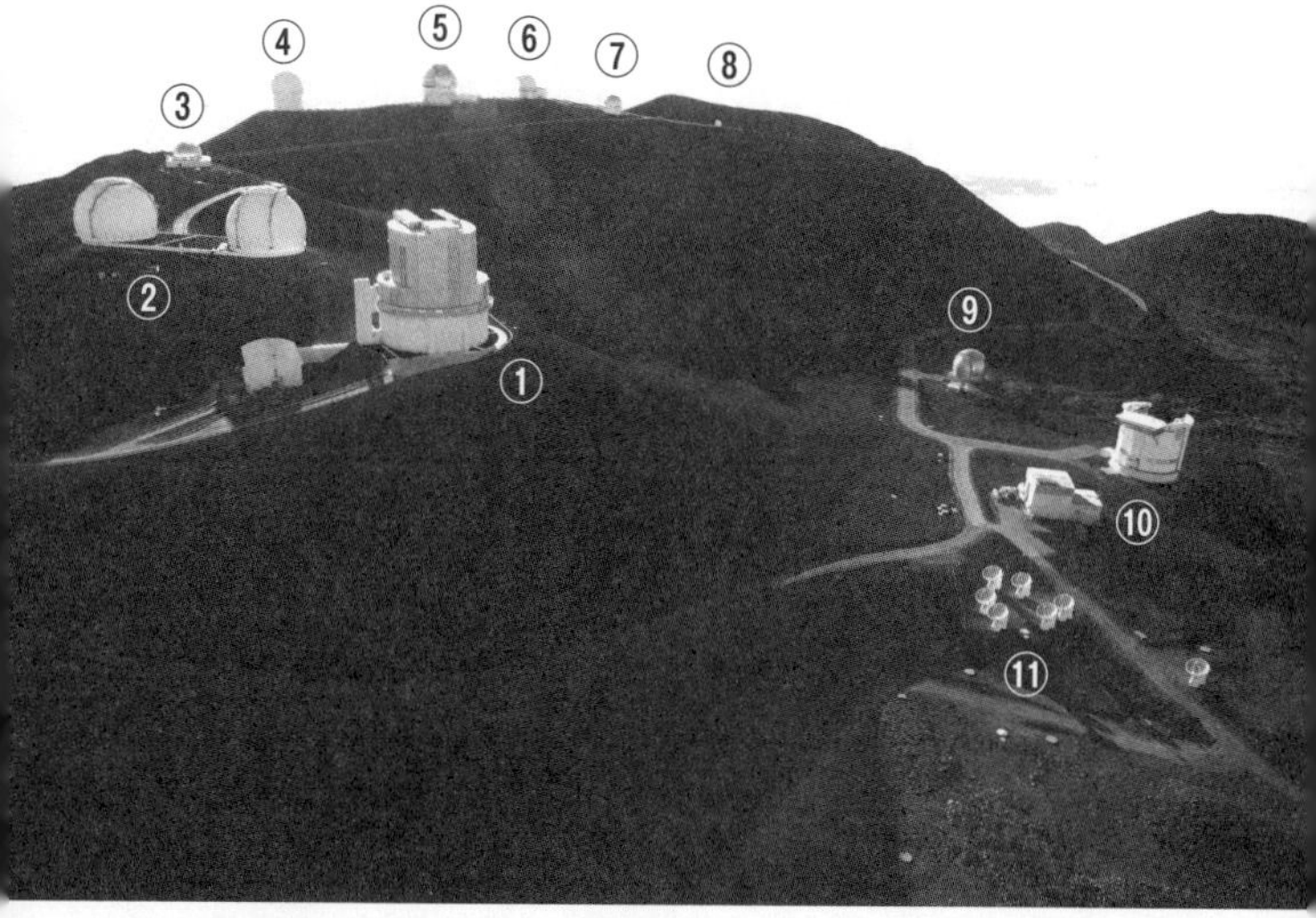

①すばる望遠鏡　②W・M・ケック天文台　③NASA赤外線望遠鏡施設　④カナダ・フランス・ハワイ望遠鏡　⑤ジェミニ北望遠鏡　⑥ハワイ大2.2m望遠鏡　⑦英国赤外線望遠鏡　⑧UHヒロ教育望遠鏡　⑨カルテク・サブミリ波天文台　⑩ジェームズ・クラーク・マクスウェル望遠鏡　⑪サブミリ波干渉計

［提供：国立天文台］

台」は「すばる望遠鏡」を設置しています。
すばる望遠鏡の反射鏡は口径8・2メートルです。この口径で1時間観測すると、25万キロメートル先のロウソクが検出できる性能です。

ただし世界にはより大口径の望遠鏡がいくつかあって、たとえばチリにある「超大型望遠鏡VLT」は8・1メートルの鏡を2枚組み合わせる干渉計で、口径16・2メートルに相当します。標高は2635メートルです。

チリ・アンデス山脈のチャナントール地域は高度5000メートル、0・5気圧です。マウナ・ケア山頂に匹敵する天文台団地で、ここにも世界の天文研究機関が巨大望遠鏡の建設を計画しています。

しかし高品質の観測データを追求する天文学者は、マウナ・ケアでもアンデス山脈でも飽き足らず、次の節ではもっと高みを目指します。

32 ハッブル宇宙望遠鏡はどこがすごい?

大気が観測を邪魔するなら、いっそ大気の外に出てしまえ、というのが宇宙望遠鏡の発想です。大気圏を離れた宇宙空間なら、大気の擾乱とも吸収とも無縁です。

そういうわけで、可視光望遠鏡や、他の波長の放射をとらえる観測装置が、すでにいくつも宇宙に飛び出して観測を行なっています。風や雲に大事な観測を邪魔され悔しい思いをさせられてきた天文学者の何世代もの夢が、現代のロケット技術によって実現しました。

最も華々しい成功例は、なんといってもハッブル宇宙望遠鏡でしょう。1990年、主鏡口径2・4メートル、長さ5・3メートルの大型望遠鏡がスペース・シャトル・ディスカバリー号によって打ち上げられました。

名前はもちろん宇宙膨張を発見したエドウィン・ハッブルにちなみます。勇姿の写真を載せます。

打ち上げてから、じつは光学系の設計にミスがあって、予定どおりの鮮明な像が得られないことが判明しましたが、1993年にスペース・シャトルがコンタクト・レンズ様《よう》の矯正《きょうせい》装置をとりつけて視力回復しました。打ち上げ以来20年以上にわたり、最高品質の宇宙のデータを取り続け、謎の解明に貢献しています。

たとえば現在見つかっている中で最も遠い銀河 z8_GND_5296 はハッブル宇宙望遠鏡のデータから発見されました。z8_GND_5296 は現在約300億光年の距離にあります。

宇宙に望遠鏡を持ち出すと、どういう利点があるでしょうか。大気の吸収や擾乱の影響を受けないことはすでに述べました。

まず、宇宙では昼夜観測が可能です。地表だと昼には太陽が照りつけ、大気が青く光るため、星を観測できません。しかし宇宙では昼でも夜でも観測できます。星

ハッブル宇宙望遠鏡

2009年5月17日、新検出器設置などのメンテナンスのため、スペースシャトルに繋留されたハッブル宇宙望遠鏡。写っているのはマイケル・グッド宇宙飛行士。

[STScI]

の角度など条件がよければ12時間以上連続で観測できる場合もあります。地上では考えられません。

また天候の影響を受けません。地表では雨や曇りの夜には観測できません。風が吹けば（シーイング悪化とは別に）望遠鏡や観測ドームが揺れて観測中止です。大気圏外では天気の気まぐれから解放されるのです。

もちろん、宇宙に出ればよいことばかりではありません。

第一に、修理やメンテナンスが困難です。ほとんどの天文衛星やその他の衛星は打ち上げっぱなしで、その後、人間が出向いての修理やメンテナンスはできません。ハッブル宇宙望遠鏡のコンタクト・レンズ装着はハッブル宇宙望遠鏡そのものの建造コストに匹敵する10億ドルがかかりました。

また、宇宙では大気に減光されない強烈な直射日光があたります。これに耐えるように衛星も観測装置も作られていないといけません。

データ量、通信量などにはさまざまな制限があります。衛星に積まれた記憶装置の限界を超えて観測はできません。地上のアンテナ局との通信量も制限をおよぼします。

そして何よりも重大な問題は、人工衛星の打ち上げは高価で失敗率が高いということです。ロケットだけで100億円程度はかかります。またロケットの失敗率と衛星の故障率をあわせると、だいたい4機に1機程度の衛星が予期された性能を発揮できずに終わります。

それでも地上では不可能な科学的成果を達成し知識の地平を広げるため、人類は天文衛星・科学衛星を打ち上げるのです。

33 「目に見えない」光がある！

大気は可視光を乱し、減光させるという話をしました。可視光以外の電磁波だと被害はさらに甚大《じんだい》です。

宇宙には可視光以外にも、電波、赤外線、紫外線、X線、γ線といった長い波長や短い波長の電磁波が飛び回っていて、人類に観測を誘いかけているのですが、大気はこれらのほとんどをブロックします。地表でこれらの観測装置を作って空に向けても、何の信号も得られません。

大気が通すのは、電波と可視光、それに可視光と波長の近い「近赤外線」と「近紫外線」くらいです。ヒトの目は可視光を感知するので、大気の存在すら忘れがちですが、他の波長の電磁波で見たら地表は暗闇なのです。

もちろんヒトや地球の他の生物が可視光を感知する器官を備えているのは偶然で

はなく、可視光あふれる地球の環境で進化したためです。他の環境で進化した生物なら、他の放射を感知する器官を発達させたでしょう。

さて18世紀には相次いで赤外線と紫外線が発見されます。

天文学者ウィリアム・ハーシェル（1738－1822）は、太陽光をプリズムで色に分解し、どの色が太陽熱を運ぶのか、温度計で調べました。

日本人は太陽光を分解すると7色が見えるといいますが、何色《なんしょく》に解釈するかは文化によって差があります。日本人の色彩感覚だと、一番波長の短い色は紫、そこから波長の長いほうへ藍、青、緑、黄、橙と並び、一番波長の長い端は赤です。

ところがハーシェルが赤の外れ、光の当たっていないように見える箇所に温度計を当てると、温度が上昇しました。そこを目に見えない光線が照らしているようです。太陽光には目に見えない光線が含まれているのです。赤の外れの光線、「赤外線」の発見です。

赤外線は赤よりもさらに波長の長い電磁波です。赤の波長は0・64マイクロメートル～0・77マイクロメートルですが、赤外線は0・77マイクロメートル～1

00マイクロメートルです。それより波長が長くなると電波と呼ばれます。

ちなみに可視光のうち最も波長の短い紫は0・38マイクロメートル〜0・43マイクロメートルで、赤のおおむね半分の長さです。つまり、電磁波のうちヒトの目が感知できる波長は0・38マイクロメートル〜0・77マイクロメートルということになります。このはなはだ狭い範囲が、ヒトが世界を覗く窓だったのです。

赤外線の発見により、人類が宇宙を観測する窓が大きく開きました。ヒトの目と同様に可視光を感じる装置として発達してきた望遠鏡ですが、写真技術と組み合わせることにより、赤外線の宇宙を探索できるようになりました。写真乾板を望遠鏡の焦点面に置くと、赤外線天体の像が写し出されたのです。

そうやって赤外線で宇宙を探っていると、大気が邪魔に感じられてきます。赤外線で思う存分観測して、星間空間を漂う塵や、原始星の誕生する瞬間や、塵に隠された赤外銀河を研究したくなってきます。

そこで赤外線望遠鏡も大気圏の外に出ていきます。IRAS、「あかり」といったNASAや日本の赤外線天文衛星が打ち上げられ、成果を上げてきました。

こうして「赤外線」が発見された

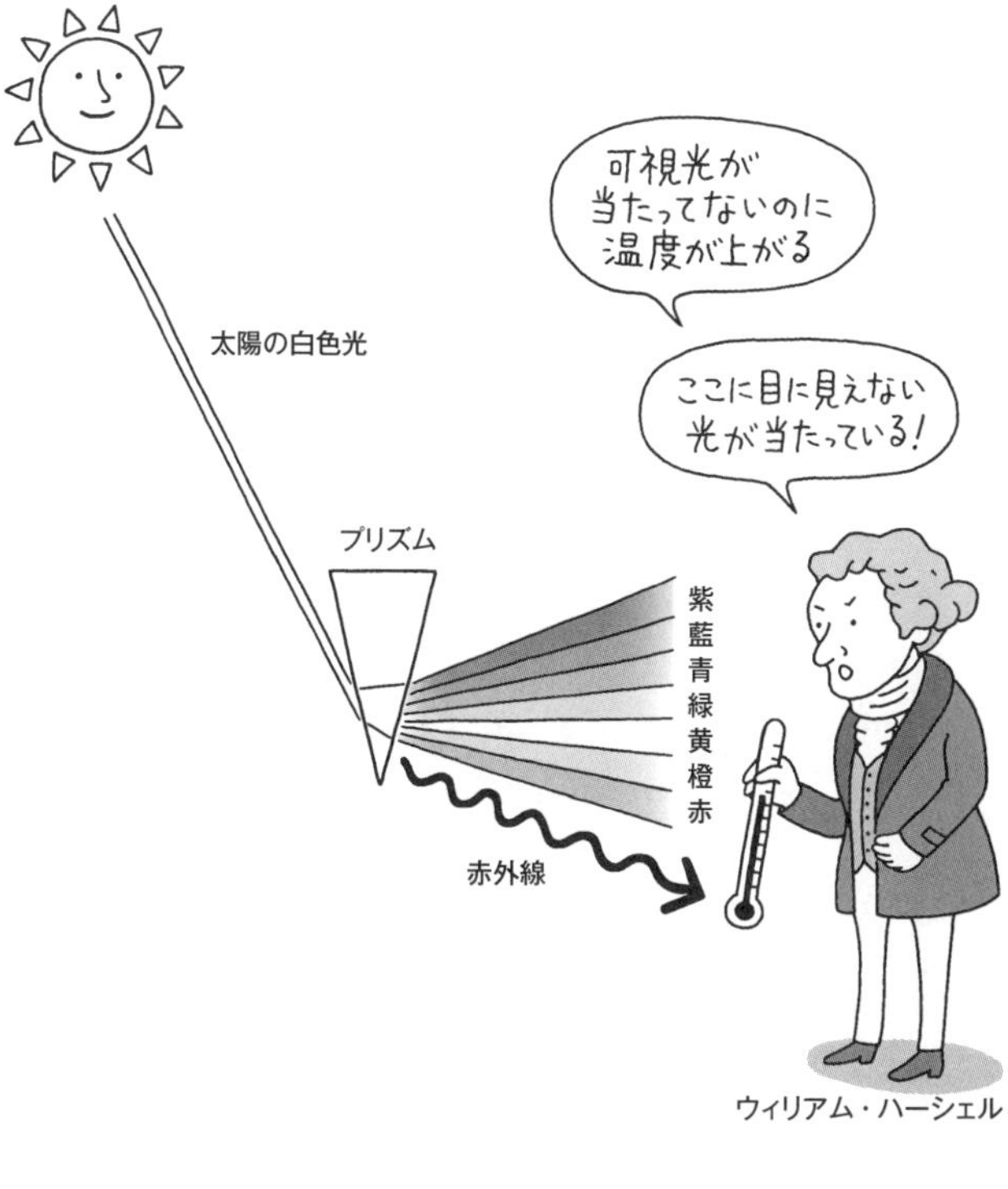

34 電波の発見で、また一つ「謎」が解けた

一方、電波天文学（志望）者はもっと幸運でした。電波は大気を透過するので、地表でアンテナを空に向ければ宇宙の電波天体が観測できるからです。

にもかかわらず、天文学者は当初、電波で宇宙観測なんかできるわけがないと思い込み、電波天体を無視し、この幸運に感謝どころか気づきもしませんでした。

電波は存在が理論によって予言され、実験によって確認された電磁波です。

ドイツの物理学者ハインリヒ・ルドルフ・ヘルツ（１８５７－１８９４）は、電磁場の法則から、電磁場の変化が空間を伝わっていく「電磁波」の存在を導き、実験で実証しました。ヘルツが送信コイルに電流を流すと、電磁波が生じ、離れた場所においた受信コイルが火花を発しました。世界初の電波通信です。

こんな偉大な発見をしたのに、ヘルツ自身は電磁波の実用性には悲観的で、電磁

波は何の役に立つのかと聞かれて、「おそらく何の役にも立たないだろう」と答えたそうです。電波はどういうわけか、天文学者だけでなく、発見者にも過小評価されたようです。

ヘルツの死後まもない1901年、グリエルモ・マルコーニ（1874－1937）がヨーロッパとアメリカの間で電波通信に成功しました。電波が世界を覆《おお》い、あらゆる情報が瞬時に伝わる電波時代の幕開けです。

ヘルツが自分の予言が外れるところを見られなかったのは残念です。

それから百余年、私たちはついに一人に1機、電波通信装置を携帯し、世界のどこに隠れていても電話やメールやソーシャルネットワークが追いかけてきて邪魔をするという状態になってしまいました。ときおりヘルツが恨めしく感じられます。

混乱を防ぐために注釈しておきますと、すでに述べたとおり、電波も赤外線も可視光も紫外線もX線もγ線も電磁波の仲間ですが、電気回路で比較的簡単に発生できて受信もできるのは、周波数が低く波長の長い電波です。ヘルツが電波の実験をした当時は、可視光や赤外線や紫外線がじつは電磁波の一種だとは知られていませんでした。電磁波といえば電波だと考えられていました。19世紀末から20世紀初頭にかけてX線とγ線が発見され、こうして電磁波のすべてのスペクトラムがつながり、統一的に説明されるようになりました。

ここでは歴史を踏まえて、ヘルツによって電波が発見され、電磁波として説明されたとしておきます。

さて電波通信が実用化され、電波の送信機や受信機、電波アンテナが使われるようになると、どうも通信を邪魔する雑音源が空にあるようだとわかりました。雑音のほとんどは雷由来でしたが、それとは別にどうやら宇宙から来る成分があるようです。

プロの天文学者は電波アンテナに触ろうともしませんでしたが、かわって企業の研究所の研究員や、アマチュア無線技師などが先駆的な発見をしました。

1930年代、ベル研究所のカール・グーテ・ジャンスキー（1905－1950）は天の川銀河の中心部から電波がやってくることを発見しました。が、ほとんどの天文学者はジャンスキーの報告を無視しました。

ジャンスキーの発見を雑誌記事で知ったアマチュア無線技師グロート・レーバー（1911-2002）は世界初の電波望遠鏡といえる装置を自作し、空の電波地図を作成しました。そこには未知の電波天体がいくつも記載されていました。

1940年にレーバーが電波地図を天文学術雑誌に発表すると、天文学者は驚愕《きょうがく》し、ようやく電波に興味を持ちました。レーバーの信じられないような論文の真偽を確かめるため、研究者が実際にレーバーの装置を見学に行ったということです。

それから英国の、続いてアメリカの電波天文学の研究が立ち上がり、やがてここから超巨大ブラック・ホールという常識をくつがえす存在が明らかになることはすでに述べたとおりです。

ちなみに、レーバーの最初の電波地図には、白鳥座Aと呼ばれる超巨大ブラック・ホールがすでに記されていました。そこに、人類の宇宙に対する認識を変える発見が載っていると、当時いっても、誰も信じなかったでしょうが。

35 「視力187500」の電波望遠鏡

アマチュアに先導された形の電波天文学ですが、1950年代には各国で電波望遠鏡の建設が始まります。そしてただちに望遠鏡の巨大化競争と、それから重要な技術革新が生じます。電波干渉計技術です。

電波アンテナを巨大にすると、利点が二つあります。一つは面積が大きくなり、微弱な電波もキャッチできることです。もう一つは、角度分解能、つまり天体の細かい様子を描く能力が上がることです。

角度分解能を極度に上げるためには、極度に大きな電波アンテナが必要です。直径1キロメートルや10キロメートルでは、貪欲な天文学者は満足できません。100キロメートル、1000キロメートルのアンテナができれば欲しいところです。

1000キロメートルの皿形アンテナをまともに作ると、日本列島を覆うサイズになってしまいます。建造期間もコストも別の意味で天文学的になり、土地を奪われた人々の不満も大変なものになるでしょう。天文学者なら我慢できるでしょうが、世間は天文学者ばかりで構成されているわけではありません。

けれども1000キロメートルのサイズのアンテナを1台建造するかわりに、もっと現実的なサイズのアンテナ2台を1000キロメートル離して設置すると、同じ角度分解能を得ることができます。この観測技術は「電波干渉計」と呼ばれます。

電波干渉計の原理で巨大な電波望遠鏡が実現しました。

最も大規模な電波干渉計「スペースVLBI(Very Long Baseline Interferometry)」は、日本の打ち上げた「はるか」という人工衛星に搭載したアンテナと地上のアンテナを組み合わせて実現しました。理論上は最大長13000キロメートルの電波干渉計ということになります。すべての種類の観測装置を合わせた中で最大の望遠鏡です。ただし現在は運用を終了しています。

現在現役の電波干渉計では、アメリカの「VLBA(Very Long Baseline Array)」が最大です。アメリカは広く、アメリカ国内の基地局だけで世界最大の干渉計を作れるのです。基地局の組み合わせのうち、ハワイ島のマウナ・ケア局とバージン諸島のセント・クロイクス局の組み合わせが最も長く、8611キロメートルです。

電波干渉計の角度分解能が最高度に発揮されるのは、アンテナ間を結ぶ線に垂直な方向の明るい電波天体を短い波長で観測する場合です。最も条件のよいとき、その角度分解能の理論値は0・00032秒角となります。1秒角は1度の3600分の1の角度です。

Cの形をした輪（ランドルト環）があっちを向いたりこっちを向いたりしている検査表で測定する「視力」は、見分けられる角度を分角単位で表わして、その逆数として求められます。1分角（1度の60分の1）が見分けられるなら視力は1、0・1分角が見分けられるなら視力は10ということになります。

VLBAが0・00032秒角を見分けられるなら視力は187500ということになります。月面上に置かれたランドルト環の60センチメートルの切れ目が見分けられる視力です。

36 「写真にしか見えない宇宙」がある

望遠鏡の発明以来、毎晩天文学者は（天気さえよければ）夜空を眺めてその姿をスケッチしてきました。（ただし太陽のスケッチは昼間に行ないます。）

星の集まりの星団や銀河、恒星から撒き散らかされたガスからなる惑星状星雲、超新星残骸《ざんがい》、惑星の気象を表わす模様、メタンや氷や塵《ちり》でできた彗星の尾、太陽表面に現れた磁極である黒点などなど、天文学者のスケッチは目に見えるものはなんでも記録しました。

19世紀に写真技術が発明されると、これは宇宙を解き明かす新しい目となりました。望遠鏡の焦点面に塩化銀を塗りつけた板かフィルムを置くと、遥かな宇宙から何万年も何億年もかけて到来した光子が塩化銀に衝突して化学変化を起こし、色を変え、何万光年も何億光年も彼方の天体現象を浮き上がらせるのです。

化学写真には天文学者を喜ばせる優れた点がいくつもあります。

まず肉眼ではとらえられない暗い星や、赤外線で輝く星などを写真に撮ることができます。写真にしか見えない宇宙があるのです。

また、肉眼では難しい定量的な解析が行なえるようになります。ある星が別の星の何倍のエネルギーを照射しているか、変色した銀粒子の量から見積もれます。これを元に、星の温度や質量や年齢や距離や大きさが測定できるのです。

写真を元に、星の明るさの基準が決め直されました。古来の定義では、目で見て明るい星が1等星、目でようやく見える星が6等星、その間を5等分して2等星から5等星に分類されました。目で見て星の明るさを数値で答えられることがそれまでの天文学者の必須技能でした。

化学写真によって星の明るさが定量的に測定できるようになったので、1等星の明るさは6等星の100倍と定義し直されました。そうすると1等級上がるごとに星の明るさは100の5乗根、つまり2・51倍ずつ明るくなることになり、古来の等級の定義とおおむね一致します。(古代の天文学者の目測は意外に精確でした。)

こうして100年間にわたって化学写真全盛の時代が続きました。夜空はくまなく写真に撮られました。どこで突然超新星が出現しても、その位置の何年も前の写真がどこかの天文台によって撮影されていて、比べることが可能なまでになりました。

20世紀に入ると、電波やX線やγ線など、宇宙の新しい窓が開きます。これら新しい電磁波には放射線検出器や電波望遠鏡など、新しい観測装置が必要なことはいうまでもありません。

そして可視光という伝統的な観測媒体においても、化学写真に次ぐ技術革新が起こります。半導体光学素子の出現、特にCCD(Charge Coupled Device)の発展です。

CCDは半導体技術で作られた素子で、光を電気信号に変える働きがあります。可視光ばかりでなく、赤外線からX線まで、さまざまなタイプのCCDが実用化されています。

ＣＣＤが化学写真に比べて優れている点は、その計算機との相性のよさ・感度・速度応答性などにあります。なによりＣＣＤの出力データはそのまま計算機に入力できるため、計算機による記録やコピーや画像処理や解析が思いのままです。まるで計算機が目を得たかのようです。

また、化学写真は現像に化学処理を要します。これにかかる時間のため、高速の天体観測には向きません。（映画技術の存在を考えると、高速天体観測を化学写真で行なうことも不可能ではなかったはずですが、天体写真はそういう方向にあまり進歩しませんでした。）ＣＣＤを用いる観測により、数秒やそれより短い時間で変化する可視光天体現象が発見され、研究が急速に進みました。

半導体素子を用いるデジタル・カメラは、私たちの身近にあった化学写真カメラにとってかわりましたが、天文学においても、やはり革命的な進歩をもたらしたのです。

37 天のあらぬ方向からX線が降り注ぐ

1895年、ドイツの物理学者ヴィルヘルム・レントゲン（1845－1923）は、ある種の真空管に高電圧をかけると、そこから目には見えない光線が放たれるのを発見しました。その光線は壁を透過して蛍光物質を光らせ、肉を通り抜けて写真乾板に骨の像を写し出しました。レントゲンは7日間、不眠不休でその光線を研究し、未知の光線という意味で「X線」と名づけました。

レントゲンの発見は世界を驚かせました。X線はただちに医療に応用され、体内に隠れた銃弾を撮影するのに使われました。

X線は研究者や医学者のみならず、大衆の好奇心も刺激しました。ロンドンでは淑女のためのX線防護下着が売り出され、アメリカのニュージャージー州議会では「X線オペラグラス」を禁じる法案が提案されました。

ニュージャージー州議会を震撼《しんかん》させたX線オペラグラスとはどんな代物だったのでしょうか。X線で御婦人（や紳士）のあられもない姿を暴露する装置なら、それは現在でも実現困難な高度なテクノロジーです。それが想像上の脅威にすぎなかったのには、ニュージャージーの議員先生方ばかりでなく、筆者もがっかりです。

X線の正体は波長が短く周波数の高い電磁波です。

X線の波長は分子や結晶の構造程度なので、分子や結晶の構造を明らかにするのに適しています。結晶にX線を照射し、その散乱（回折）パターンを調べる「X線回折」という手法で、結晶や分子の構造が調べられます。DNAの二重螺旋《らせん》構造の決定は、この手法の華々しい成功例です。

周波数が高いことは、光子1個のエネルギーが高いことを意味します。X線の光子を分子にぶつけると、分子を破壊することができます。この効果は癌細胞の生化学分子を破壊する治療法などに利用できますが、誤って浴びると放射線障害を引き起こす可能性があります。この危険性が認識されるまで、不幸な事例がいくつも生

宇宙には「X線源」がたくさんある

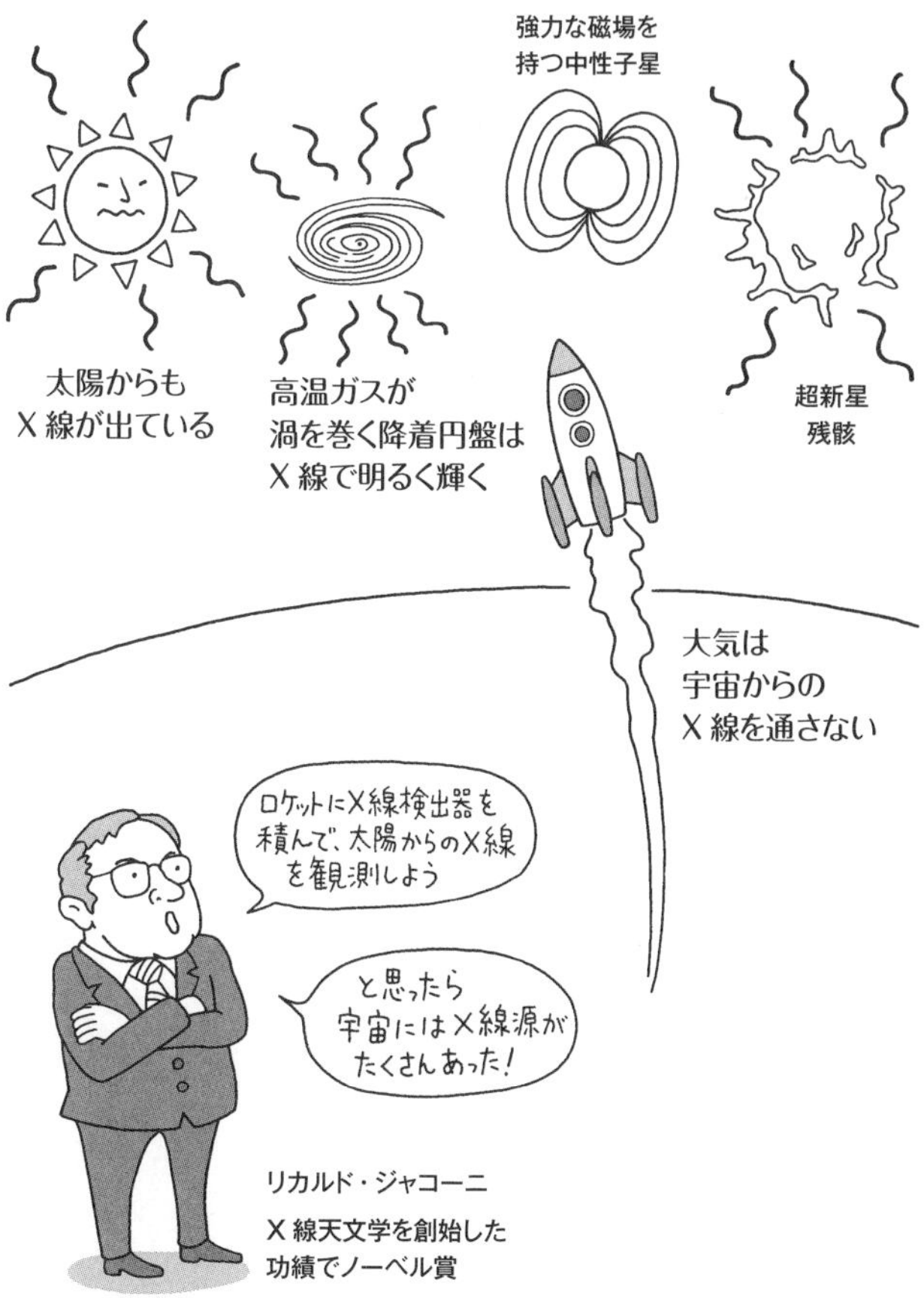
太陽からも
X 線が出ている
高温ガスが
渦を巻く降着円盤は
X 線で明るく輝く
強力な磁場を
持つ中性子星
超新星
残骸
大気は
宇宙からの
X 線を通さない
ロケットにX線検出器を
積んで、太陽からのX線
を観測しよう
と思ったら
宇宙にはX線源が
たくさんあった！
リカルド・ジャコーニ
X 線天文学を創始した
功績でノーベル賞

じました。

このように広く工業・医療・科学研究に応用されるX線ですが、レントゲンはこの知識を人類の財産であるとして、特許を取得しませんでした。レントゲンは1901年に創設されたノーベル賞の第1号を受賞しましたが、経済的には恵まれず、ドイツを襲ったハイパーインフレの影響で困窮のうちに世を去りました。

レントゲンの発見から50年たって、リカルド・ジャコーニ現ジョン・ホプキンス大学教授（1931－）はX線検出器をロケットに積んで打ち上げました。太陽からのX線を観測しようと考えたのです。

ところが意外なことに、天のあらぬ方向からX線が降り注ぐのを検出器はとらえました。太陽以外にも強いX線源が天球に存在するのです。さそり座X－1の発見です。

X線天体の発見は研究者を驚かせました。X線のようなエネルギーの高い光子はそう簡単には発生できません。宇宙には異常な高エネルギー発生器、超高温の炉や粒子加速器がごろごろしていることになります。いったいその正体は何でしょう。

前の章でも触れましたが、宇宙に浮かぶ典型的なX線発生装置は中性子星やブラック・ホールなどの超高密度天体です。中性子星やブラック・ホールにガスを流し込むと、ガスは落下し、渦を巻き、ぶつかり合い、1000万度以上の超高温に達し、メガ電子ボルト〜ギガ電子ボルトの高エネルギーに粒子を加速し、そうした極限状態の物質がX線を放射するのです。過去の超新星残骸や現在の超新星爆発もまたX線で輝きます。銀河団や銀河系内の高温ガスもX線源です。

1950年代、こうしたさまざまなX線源が突如として人類の前に現れ、X線天文学が始まったのです。

現在ではアメリカの「チャンドラ」、ヨーロッパの「ニュートンXMM」、日本の「すざく」「MAXI《マキシ》」など複数のX線観測装置やX線天文台が衛星軌道を周回し、観測を行なっています。

38 人工衛星が安定する「特殊な点」

惑星をぐるぐる周回する物体を衛星といいます。地球の場合、天然自然の衛星は月のみですが、人間がロケットで打ち上げた「人工衛星」が1000個ほど空を回っています。最大は「国際宇宙ステーション」、約500トンの有人人工衛星です。国際宇宙ステーションにはX線全天監視装置MAXIや宇宙線観測装置AMS－02等が搭載され、成果を上げています。

人工衛星の典型的な高度は300～5000キロメートルで、だいたい東京－大阪間の距離です。東海道新幹線を垂直に立てると宇宙に届くことになります。頭上、それくらいの距離を1000個の人工衛星が通過しています。

地表から数百キロメートルの軌道は地表を観測する目的の装置なら都合がいいですが、中には地表からの可視光や熱やノイズが邪魔になる観測装置もあります。

たとえばマイナス270・4245度の宇宙マイクロ波背景放射を観測する場合です。検出器をキンキンに冷やし、検出器自体から放射されるマイクロ波を抑えることはもちろん、周囲の熱源から厳重に遮蔽《しゃへい》することが必要です。周囲の熱源とは、太陽と地球です。

その究極の解決法は、凡百の人工衛星と一線を画し、ちっぽけな地球周回軌道を脱し、遥かな高み、ラグランジュ点の一つ、L2に検出器を打ち上げることです。

地球は太陽の周囲を公転しています。この軌道面上に第三の質量を置くと、通常は、太陽と地球の重力を受けて複雑な軌道をたどります。

しかし191ページの図のように、ラグランジュ点と呼ばれる点に質量を置き、適当な初速を与えると、地球と太陽との相対的な位置関係を保ったまま、地球と同じ周期で公転を行ないます。

つまり、最初に地球と太陽と質量が正三角形を描くように置けばいつまでも正三角形を保ってまわり、最初に直線を描くように置けばいつまでも直線を保ったまま公転します（注1）。

このような特殊な点は図に示すように5点あり、地球・太陽と直線をなすL1～L3、正三角形をなすL4とL5です。L1～L3はドイツの大数学者レオンハルト・オイラー（1707－1783）が発見し、L4とL5はニュートン力学の大家ジョセフ＝ルイ・ラグランジュ（1736－1813）が見つけました。が、どういうわけか5点ともに「ラグランジュ点」と呼ばれています。オイラーは無視された形ですが、無数の定理や公式に名を残す大数学者オイラーは気にしないでしょう。

このうち、太陽から地球に延ばした直線の延長上にあるL2は、太陽や地球の影響を嫌う鋭敏な観測装置に最適な場所です。そこは地球の喧騒《けんそう》から150万キロメートルも離れ、そこから見た地球は、私たちが月を見るよりも小さな円になります。また太陽は地球に隠れ、いつでも金環日蝕の状態にあります。そうして直射日光からもほぼ守られているのですが、完全に遮《さえぎ》られているわけではないので太陽電池による発電が可能です。

こうしてこれまで、アメリカの「ウィルキンソン・マイクロ波異方性探査機（W

「ラグランジュ点」とは何か？

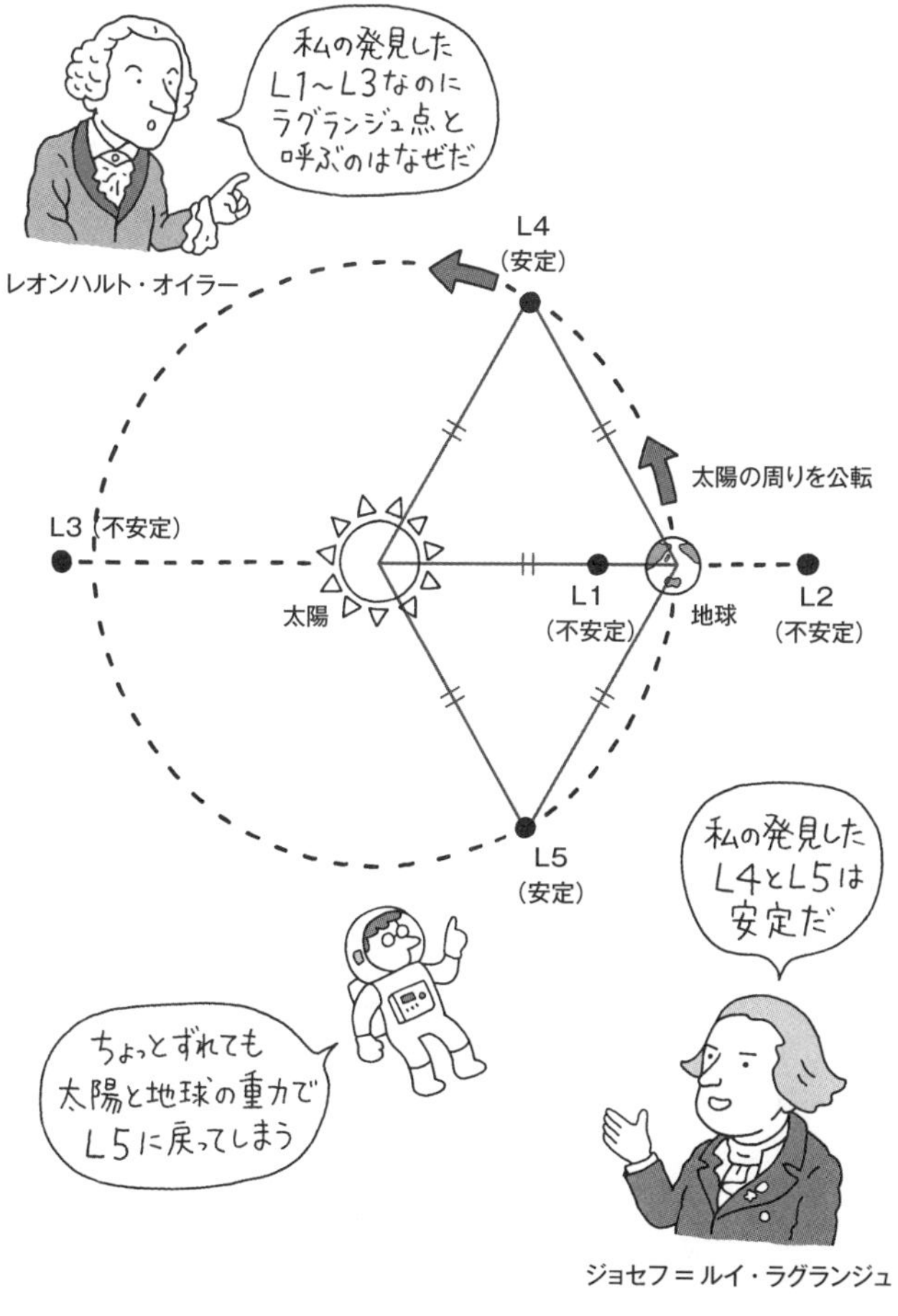

MAP)」や欧州宇宙機構の「プランク」などの超高感度の観測装置がL2を基点に観測を行ない、ダーク・エネルギーの測定や宇宙年齢の精密決定などの成果を上げました。今後も多くのミッションがL2を目指しています。

注1 ただしL1~L3は安定な点ではなく、もし何かのはずみで質量の位置が少しずれると、そのずれは次第に拡大し、しまいにラグランジュ点から大きく離れてしまいます。一方、L4とL5は安定な点で、ここに置いた質量が少しずれても、元の点に戻すように地球と太陽の重力が働き、大きく離れることはありません。

39 宇宙から来た正体不明の放射線

電磁波や可視光ばかりではなく、さまざまな粒子や波動が宇宙を飛び交っています。

まず原子や原子核、電子など、私たちの環境や私たち自身を作る構成粒子が、意外なことにびゅんびゅん宇宙空間を貫いています。光速に匹敵する猛スピードです。またニュートリノや陽電子、重力波など、私たちが日常関わることのほとんどない珍奇な粒子や波動もまた、宇宙空間を満たしています。

宇宙からそういう高エネルギーの粒子・波動が降り注いでいることは、1911年にヴィクトール・フランシス・ヘス（1883－1964）が気球実験で実証しました。ヘスは放射線検出器を携えて気球に乗り、高度10キロメートルまで上昇して、地表よりも放射線が増えることを見出しました。宇宙から放射線が降ってきている証拠です。

10キロメートルといえばエベレストを見下ろす高さです。気圧は地表の4分の1、酸素も薄く、気温もマイナス50度程度の酷寒です。ヘスは震えながら測定し、宇宙から飛来する正体不明の放射線のデータをとりました。今でも語り継がれる伝説的な実験です。

ヘスが発見した、宇宙から来る放射線は「宇宙線」と呼ばれるようになりました。宇宙線にはさまざまな種類があり、発見から１００年経つのに、その起源はまだよくわかっていません。

ヘスのとらえた宇宙線は、ほとんどは陽子だったでしょう。陽子はありふれた水素原子の原子核で、宇宙にも地球にも太陽にもたくさんあります。太陽の磁場活動などによって陽子が加速され、宇宙に投げ飛ばされると、太陽由来の宇宙線となります。ヘスの装置のような、電荷を帯びた粒子を検出する観測装置を大気圏上層や地球付近に置くと、陽子が多く観測されます。

陽子のほか、電子も数パーセント混じっています。電子はマイナスの電荷を持つ軽い粒子で、プラスの電荷を持つ陽子とあわせて水素原子の部品です。宇宙には電子のほうが陽子よりも多いですが、宇宙線の中には陽子のほうが多く含まれます。またヘリウムやリチウムなどの重い原子核もわずかに飛んできます。

陽子や電子は太陽ばかりでなく、もっと遠く、天の川銀河のあちこちからもやってきます。天の川銀河の中には陽子や電子などを加速する宇宙的粒子加速器がいくつもあると考えられています。

そういう宇宙的粒子加速器の一つは「超新星残骸」だと考えられています。何千年も何万年も昔に爆発した超新星は、宇宙空間にガスをぶちまけます。そういう超新星残骸と呼ばれるガスは数百キロメートル/秒~数千キロメートル/秒の速度で現在も宇宙に広がりつつあります。そして周囲のガスとぶつかり衝撃波を作り、その乱流の中で陽子や電子が加速されると考えられています。半径数百光年にもおよぶ大粒子加速器というわけです。人類の建造した粒子加速器はせいぜい数キロメートルの大きさで、スケールにして1兆倍の違いです。

また2章に登場した中性子星も電子を加速していると考えられています。中性子星は100万〜1億テスラというなんだか見当もつかない超強力な磁場を持っていて、この巨大強力磁石がぐるぐる自転すると、近くの電子がぶんぶん加速されて宇宙線になって飛んでいくのです。ただし、電子が中性子星から飛んでくるという直接的証拠はまだなく、これをとらえるべくさまざまな電子観測装置が計画されています。

筆者は「宇宙ジェット」と呼ばれる、ブラック・ホール天体から光速に近い速度で噴射されるガスを研究対象としているのですが、この宇宙ジェットも、周囲のガスとぶつかり衝撃波を作り、粒子を加速して宇宙線源として働いているのではないかと考えています。ただしこれはまだ確かめられていません。

気球は現在でも宇宙線やX線、γ線などの観測実験にしばしば用いられます。ただしヘスの時代と違って人間が乗り込むことはなく、観測装置は遠隔で操作され、データは地表に送信したり記録媒体に蓄積します。

40 ニュートリノは「今も私たちの体を通過している」

「カミオカンデ」なるニュートリノ観測装置については2章で触れましたが、ここでもう少々解説しましょう。

宇宙を飛び交う宇宙線の一種に、「ニュートリノ」があります。ニュートリノは質量がゼロに近いほど小さく、電荷も持たず、大変反応性の低い、目立たない素粒子です。質量がゼロに近いので、小さなエネルギーを与えられても光速に近い速度で飛んでいってしまいます。

ニュートリノは核反応で生じます。生じた端《はな》からもうまっしぐらに宇宙の彼方めがけて飛んでいきます。周囲の物質とはほとんど反応しません。

周囲の物質とほとんど反応しないということは、放射線検出器の物質ともほとんど反応しないということで、つまりほとんど検出できません。

核反応の研究を始めた初期の研究者は、核反応で発生するエネルギーが計算と合わないことに気づきました。エネルギーがちょろまかされたように足りなくなります。まるで誰かがこっそり持ち去ったかのようです。

核反応の前後ではエネルギーが変わるのだ、核反応はエネルギー保存則を破るのだ、という解釈も出たのですが、エネルギー保存則はそれまで見つかっていたすべての物理現象で極めて厳密に守られている自然法則です。（今にいたるまでエネルギー保存則を破る現象は観測されていません。）研究者は、エネルギー保存則破たり、と主張することをためらい、ニュートリノという未知の粒子を提案しました。核反応の際、ニュートリノという粒子が同時に生まれ、少々のエネルギーを奪って宇宙の彼方へ消え去るのだと解釈すれば、エネルギー保存則が守られます。

そして実際、ニュートリノは存在していました。その反応性は大変に低く、たとえ厚み1光年の鉛の壁があったとしても、やすやすと透過します。太陽の中心部でも核反応にともなってニュートリノが発生していますが、太陽の中心から宇宙にすぽすぽニュートリノが逃げ出しています。そしてその一部は今も私たちの体を通過しています。見積もりによれば、1秒に1平方センチメートルあたり約1000億個ものニュートリノが私たちの体を夜も昼も貫いて、なんの反応も起こすことなく宇宙に逃げ去っています。

そうして恒星から飛び出したニュートリノが、宇宙空間を縦横に飛び回っていると考えられています。恒星のほかにも、2章で述べた超新星爆発とその中心部での中性子星誕生は、やはり大量のニュートリノを生産します。

宇宙創成のビッグ・バンでも、盛んに陽子や中性子やクォークや電子や陽電子がぶつかり合い核反応を起こしていたので、そのときニュートリノもやはり多量に作られたと思われます。

そうやってできあがったニュートリノは、いったん宇宙に放たれると、滅多なことでは消滅しません。ブラック・ホールや中性子星に吸い込まれでもしないかぎり、ビッグ・バンの太古から現在まで飛び回り続けていると思われます。

するとこれを観測すれば、太古のビッグ・バンや中性子星誕生の瞬間や恒星内部の核反応を研究するニュートリノ天文学が成立するはずです。なんとも魅力的な研究テーマですが、問題は、ニュートリノ検出の難しさです。

現在のところ、太陽以外の天体からのニュートリノ検出に成功したのは、カミオカンデだけです。１９８７年に爆発した超新星１９８７Ａからのニュートリノが10個ほどカミオカンデの水タンク内で反応を起こし、検出されました。反応しにくいニュートリノですが、無数のニュートリノが３０００トンの水中を通り抜けるうちに、何個かは反応を起こすのです。

現在、５万トンの水タンクを用いる「スーパーカミオカンデ」や、水タンクのかわりに南極の氷を使う「ＩＣＥ Ｃｕｂｅ《アイスキューブ》」等、いくつものニュートリノ検出器が稼働中あるいは計画中で、その感度はカミオカンデを上回っています。こうしたニュートリノ望遠鏡が新たな超新星や天体現象を発見するのは時間の問題でしょう。

41 「重力波天文学」で宇宙はどこまでわかる？

幽霊のようにとらえどころがないニュートリノの次は、さらに検出の難しい重力波です。あまりにも難しいので、これまで検出されたことがありません。

時空のゆがみを表わす一般相対性理論の数式をいじくると、「重力波」の式が導かれます。音や電磁波や水面のさざ波は波として空中や水面を伝わっていきますが、重力波も空間を伝わっていきます。

どういうことかというと、時空のゆがみもまた波動として空間を伝わるということです。このあたりの空間がちょっと伸び縮みすると、その伸び縮みがさざ波のようにあちらに伝わり、あちらの時空も伸び縮みするということがあり得るのです。

時空が伸び縮みするというだけでなんだかイメージしにくい状況ですが、それが波動として伝わるとなると、思い描くのはますます困難をきたします。

「重力波」と呼ばれるこの時空のさざ波は、さまざまな物体から発せられるのですが、特に「やかましく」重力波を撒き散らす天体現象がいろいろ想像されています。

たとえば中性子星やブラック・ホールの連星系は、条件が整えば強い重力波源となります。中性子星どうし、ブラック・ホールどうし、あるいは中性子星とブラック・ホールどうしの連星系は、ぐるぐる互いの周りを周回しながら、重力波を放射します。

重力波であれ、電磁波であれ、音やさざ波であれ、波動というものは放射するのにエネルギーが必要です。放射した分だけ放射源のエネルギーは減ります。連星系の場合、エネルギーを失った星どうしはちょっと接近します。高いところから降りてきて重力エネルギーを減らしたことに相当します。

すると連星系の周期はちょっと短くなり、さっきよりもちょっとめまぐるしさを増してぐるぐる周回します。エネルギーを失うと速く回り出すとは、なんだか直観に反する気がしますが、連星運動はそういうものなのです。

連星周期が短くなり連星が接近すると、重力波はさらに効率よく放射されるので、さらに重力エネルギーが失われ、ますます連星は接近します。重力波放射は強くなりながらどんどん連星は近づき、ついに衝突・合体します。この瞬間、重力波の大放出が起きるはずです。あとには大きなブラック・ホールが1個残るでしょう。

この中性子星またはブラック・ホールの合体・衝突は、まだ人類の観測装置の目前で起きたことはありません。しかしそうなりつつある中性子星どうしの連星系は見つかっていて、盛んに重力波を放出しながら接近しつつあります。見る間に連星周期が変化していくのがわかります。おそらく数億年以内には衝突が見られるでしょう。

この中性子星どうしの連星系が重力波を放射していることは確かなので、重力波の存在も確実でしょう。ただしその重力波は検出されたわけではありません。

高密度星の衝突・合体のほかにも、超新星爆発、宇宙誕生時の重力波放射など、いくつかの重力波源が想定されていて、研究者はそれらからの重力波を検出するべく検出装置を準備しています。すでに稼働中の装置もあります。

しかし重力波は物体におよぼす影響が極めて弱いと考えられています。大雑把《おおざっぱ》な検出原理は、2個の物体を離して置き、その間の距離を精密に測るというものです。重力波がそこを通過すると、時空の伸び縮みにともない、2個の物体の間の距離が伸び縮みします。距離が変化したら重力波検出というわけです。

しかしこの距離の変化は極めて微小です。

私たちの銀河系の中で太陽質量の1・4倍程度の中性子星が衝突・合体したとして、そこから生じる重力波は、地球の北極と南極に置かれた物体を1000万分の1ミリメートルしか動かしません。この程度の変化を検出するのは、巨大な重力波アンテナと最高度の精密測定技術が必要です。そして運よく太陽系の近くで中性子星の合体が起こってくれないといけません。

アメリカのLIGO、日本の「TAMA300」などはそうしたゴールを目指して稼働中です。重力波が検出された暁《あかつき》には、重力波を用いる新しい天文学がスタートすることになります。期待して待ちましょう。

5章

宇宙の「最期」はどうなるか？

[NASA/Richard Yandrick (Cosmicimage.com)]

42 じつは「宇宙の95パーセントは見えない」

宇宙にはどれくらいの物質があるでしょうか。

観測できないところにある質量は測りようがないので、観測可能な範囲で考えましょう。つまり私たちから半径470億光年の範囲ということです。

半径470億光年の範囲内には銀河が点在しています。銀河は群れをなし、銀河群や銀河団と呼ばれる不定形のかたまりをなんとなく成しています。

ならば宇宙の観測可能な範囲内にある全質量を測るには、個々の銀河の質量を測るのが第一歩でしょう。銀河の質量をあわせれば銀河団の質量がわかり、そうして銀河団の質量をあわせれば観測可能な範囲内の全質量が求められるはずです。

銀河の質量を求める方法を二通りあげます。

一つは、銀河を構成する恒星や星間ガスの質量を足し合わせることです。銀河を望遠鏡で観測し、その恒星の数を見積もり、別の方法で計算した恒星の質量をかければ全恒星の質量が出ます。ガスは、可視光や赤外線や電波を放射していれば、組成も密度も質量もわかります。わからない箇所は推定で埋めて、銀河に分布するガスの全質量が観測データから求められます。こうして恒星成分やガス成分を足し算して、銀河全体の質量を測ります。

もう一つの手法はこれとまったく異なります。銀河に属する恒星の速度やガスの速度を測り、それらに働く重力を計算する方法です。恒星やガスは、銀河の重力に引かれ、そのため銀河内をくるくる周回しています。銀河の重力とは、銀河内に存在する他のすべての物質からの重力です。太陽系に属する惑星の公転速度を測れば太陽の質量が求められますが、銀河に属する恒星やガスの速度を測れば銀河内の他の物質の質量が求められるのです。

そして測ってみると、驚いたことに、二つの手法で求めた質量がくい違います。

重力から求めた質量は、恒星とガスを合わせた質量よりも大きいのです。銀河内には、恒星とガス以外に、観測できない見えない質量があるようなのです。

この見えない質量は、「暗黒物質《ダーク・マター》」と呼ばれるようになりました。暗黒などというとなんだかおどろおどろしい響きがありますが、単に「光を出さない」「見えない」くらいの意味です。

観測技術が向上し、銀河の質量が精確に測られると、ダーク・マターの見積もりはますます増大しました。また銀河の外、銀河団の内部にも、ダーク・マターが豊富にあるのがわかってきました。

最新の測定によると、ダーク・マターの質量は、恒星やガスなど通常の物質の5倍はあることがわかっています。宇宙にはじつは通常の物質よりもダーク・マターのほうが圧倒的に多いのです。

さてこの見えない物質ダーク・マターの正体はいったい何でしょうか。

結論からいうと、まだわかっていません。通常物質の5倍も多いダーク・マター

正体不明の「ダーク・マター」

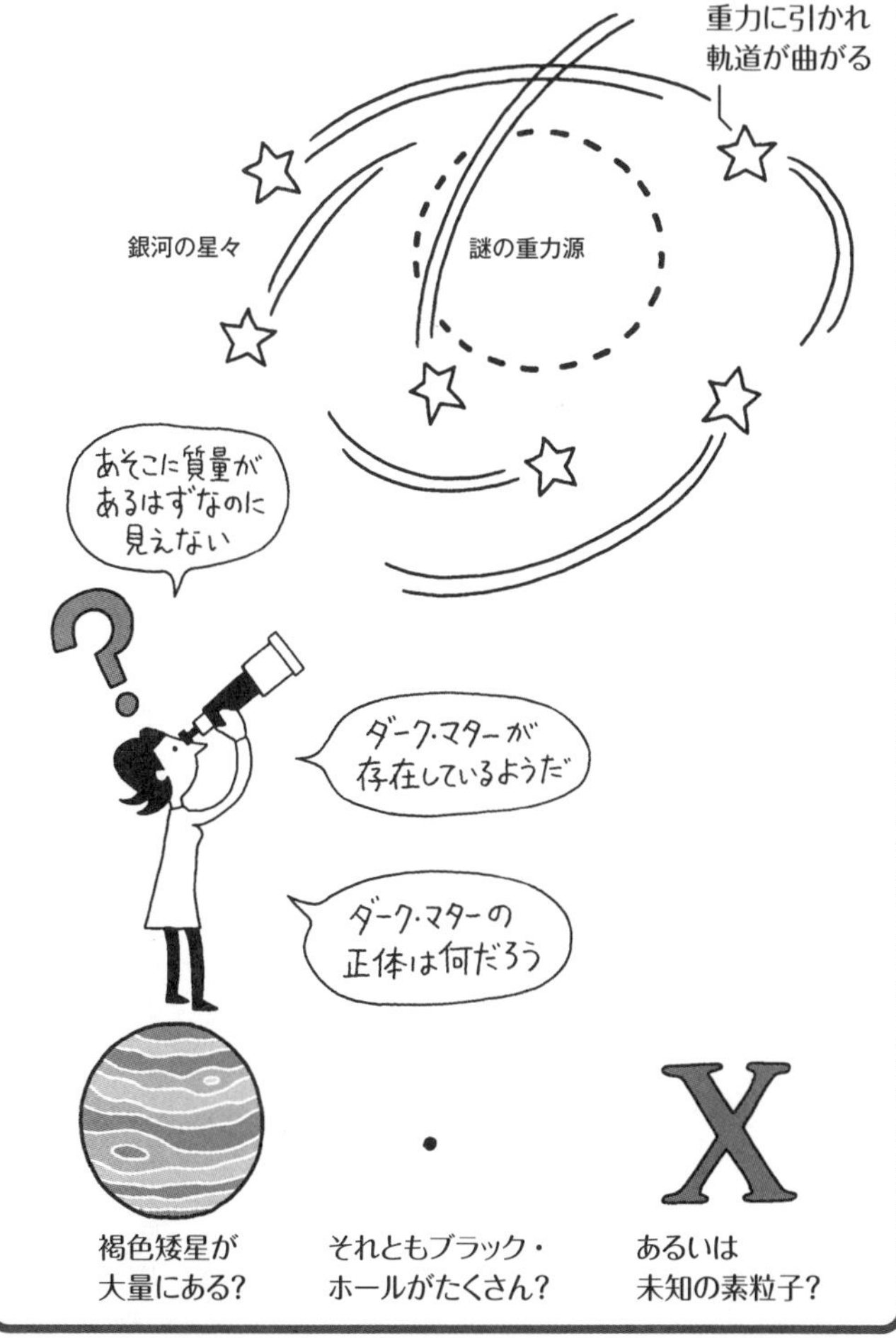
重力に引かれ
軌道が曲がる
銀河の星々
謎の重力源
あそこに質量が
あるはずなのに
見えない
ダーク・マターが
存在しているようだ
ダーク・マターの
正体は何だろう
褐色矮星が
大量にある?
それともブラック・
ホールがたくさん?
あるいは
未知の素粒子?

ですが、それが何なのか、何十年も研究者が取り組んでいるのに、正体不明なのです。（しかし正体不明はダーク・マターばかりではありません。ダーク・マターよりさらに多量にある「ダーク・エネルギー」という存在も、皆目《かいもく》正体がわかりません。じつは宇宙は95パーセントが正体不明なのです。通常物質は宇宙の5パーセント程度です。ダーク・エネルギーについてはあとでまた触れます。）

ダーク・マターについて、これまでいくつもの仮説が唱えられてきましたが、その多くは観測に合わないとして否定されました。

たとえばかつて、恒星と違って核融合で輝かない小さな星「褐色矮星《かっしょくわいせい》」が無数にあるのではないか、という説が唱えられました。

けれども低温の褐色矮星からの黒体放射は主に赤外線になるはずです。なのに、赤外線観測でも全然見つからないのは不可解です。またダーク・マターは銀河の外の空間にも分布しています。星もガスもほとんどない銀河間空間に褐色矮星だけたくさんあるのは不自然です。

ダーク・マターが見えないのはブラック・ホールだからだ、という説は、やはり銀河間空間のダーク・マターを説明できません。またブラック・ホールを生み出す天体現象といえば、大質量星の重力崩壊しか人類は思いつきませんが、通常物質よりも多くのブラック・ホールを作り出すほど大質量星がぽんぽん弾《はじ》けたとは、計算に合いません。

消去法ですが、ダーク・マターの正体は未知の粒子だという意見が大勢《たいせい》です。まだ人類がそのちっぽけな粒子加速器内に見出したことのない、未発見の粒子が宇宙に通常物質の5倍も存在して、銀河内や銀河間空間を飛び回っているというのが、今のところの結論です。

43 見えないけど実在する「暗黒物質」とは？

ダーク・マターは未知の粒子だとして、どんな性質の粒子なのでしょうか。

それはまず、極度に安定した粒子でなければなりません。

素粒子物理学や原子核物理学の業界では、寿命が数ミリ秒（数百分の１秒）もあれば「安定」といわれます。なにしろ数ミリ秒もあれば光速近い粒子は１００キロメートルくらい走ります。世界最大の粒子加速器でも１００キロメートルありませんから、寿命数ミリ秒の粒子は加速器の中を往復して昼寝ができるくらいです。

けれども宇宙は創成以来１３８億年経過しています。その間爆発も消滅もせずに銀河団や恒星やガスを束縛してきたダーク・マターは、寿命が１３８億年より長くなければなりません。これは素粒子物理や原子核物理の業界基準より10^{20}倍、つまり１兆の１億倍くらい安定だということです。

　また、ダーク・マターは他の粒子との相互作用が極めて弱いはずです。電荷を持たず、「強い相互作用」や「弱い相互作用」も滅多に行なわず、ただ重力でのみその存在がわかる、幽霊のような粒子と思われます。

　ニュートリノもそのような粒子なので、ダーク・マターの正体はニュートリノではないかともいわれたのですが、ニュートリノでは質量が小さすぎる点が難です。質量が小さいニュートリノは、ほんのわずかなエネルギーを与えられても光速に近い速度でぶっ飛んでしまい、銀河の重力も銀河団の重力も振り切って、銀河団の間の空虚に飛び散ってしまいます。これでは銀河の中にとどまって恒星やガスに重力をおよぼしたり、銀河団の中にとどまって銀河団ガスに影響をおよぼすことができません。

　そうすると、おそらくダーク・マターは質量がそうとうに大きくて、そのためにこれまでの粒子加速器のエネルギーでは作り出すことができず、だから未発見なのだと思われます。

現在、ダーク・マターの正体を突き止める競争が繰り広げられています。

もしもダーク・マターが未知の粒子なら、その辺にふらふら迷い込んできても不思議はありません。そしてたまたまその辺の物質と反応を起こして、検出可能な既知の粒子を作り出すかもしれません。ダーク・マターの作り出す粒子の性質を予想し、そのための検出器を設置し、ダーク・マターがかかるのを待っている研究者がいます。

あるいは既知の検出器の既存のデータに、そういうダーク・マター・イベントが紛れているのではないかと期待して、データの山を掘り起こす作業をしている人もいます。

もちろん、巨大な粒子加速器を建造して、これまでにない高エネルギーで粒子をぶつけて、飛び散った粒子の破片の中に未知の粒子を探す正攻法の試みも続けられています。

あるいは、宇宙を飛び交うダーク・マター粒子は、ダーク・マターどうしで衝突・消滅し、電子や陽電子やγ線など既知の粒子を生み出すかもしれません。宇宙に電子や陽電子やγ線の検出器を打ち上げて、そのスペクトラムにダーク・マターの衝突・消滅の痕跡を探す計画もあります。

理論研究者は、既知の素粒子理論と整合性がある新しい粒子を考えている最中です。今のところ「アクシオン」だとか「超対称性粒子」などといった候補があがっています。

ダーク・マターの正体が何であれ、宇宙から到来するダーク・マターが検出されたら、その正体が判明し、宇宙のダーク・マター源を研究することが可能になるでしょう。ダーク・マター天文学の始まりです。

宇宙には、ダーク・マターがとりわけ多い銀河や銀河団が浮いているかもしれません。普通の電磁波などでは観測できず、ダーク・マターによって初めて存在がわかる天体がもしあったら、ダーク・マター天文学の研究対象です。

ダーク・マター天文学は21世紀の新しい天文学になるかもしれません。

44 宇宙の7割を占める「ダーク・エネルギー」

ラグランジュ点L2に打ち上げられた宇宙マイクロ波背景放射観測衛星「WMAP」や「プランク」、宇宙の果てといってもいい遠距離の超新星爆発を観測するプロジェクトなどの成果により、近年、「宇宙論パラメータ」が精密に測定されつつあります。

宇宙論パラメータとは、ハッブル定数、宇宙の物質密度、宇宙マイクロ波背景放射の温度、宇宙項といった、現在の宇宙とビッグ・バンについて教えてくれる物理定数です。宇宙論パラメータの測定により、宇宙の年齢やビッグ・バン後の宇宙の歴史、将来の宇宙の進化がわかります。

このうち宇宙項、別名「Λ《ラムダ》」は、宇宙空間を満たすエネルギーを表わします。

さてアインシュタインは100年前に一般相対性理論を発表するとき、宇宙が過去も未来も変わらず定常的にあり続ける「定常解」が存在するように、宇宙項をその式につけ加えたのでした。

ところが1929年、ハッブルによって宇宙が膨張していることが示され、ルメートルの膨張解がどうやら現実の宇宙に近いようだと判明し、宇宙項は不要となりました。アインシュタインは宇宙項を加えたことを「最大のあやまち」といったと伝えられます。

生みの親からあやまちと呼ばれた宇宙項は、現実の宇宙ではゼロであると信じられ、かといって一般相対性理論の数式から完全に消去するのもためらわれ、長年の間、教科書には一応載っているものの、注釈としてアインシュタインの後悔の言葉をつけられるという、中途半端な存在でした。

宇宙項が生まれてから100年近くたった21世紀、宇宙膨張がかつてないほど精密に測定されます。

星が弾け飛ぶ超新星のうち、1a型と呼ばれる超新星は、明るさを理論計算で求めることができます。すると観測された明るさと比べれば、その超新星がどれほど遠くにあるかわかります。さらにその後退速度を測定すれば、宇宙のどの程度遠方の地点がどの程度の速度で膨張しているかわかります。

CCDを用いる自動測定で1a型超新星を次から次へと発見し、この原理で宇宙膨張を測定したところ、衝撃的な事実が判明します。

宇宙膨張は加速しているというものです。

ビッグ・バン以来、宇宙は膨張を続けていますが、過去の膨張速度と現在の膨張速度を比べると、現在のほうが速く膨張しているのです。

この観測データを考慮して、一般相対性理論の方程式を見直してみると、宇宙項がゼロでないことがわかります。長いこと役立たずと思われていた宇宙項が、ここにおいてにわかに脚光を浴びることになりました。

これがゼロでないということは、宇宙空間は正体不明のエネルギーで満たされていることになります。

ダーク・エネルギーと名づけられたこの存在は、見つかったばかりで、研究者もその解釈に戸惑っている状況です。その真の意味は今後明らかになるでしょう。

45 地球と太陽の「最期」は、どうなってしまう?

ここから、宇宙の今後の運命について、現在の私たちの知識に基づいて予測してみます。

現在の宇宙に関する私たちの知識というものがはなはだ頼りなく、今後数年で引っくり返る危険もあるのですが、そこは目をつむっておいてください。すべてを引っくり返す大発見がどこかの観測装置から見つかったら、またご報告したいと思います。

まずは近所から始めましょう。地球と太陽は今後どうなるのでしょうか。

2章で述べたように、太陽はあと50億年で水素という核燃料を使い果たし、次にヘリウムを消耗しつくし、小さく縮んで白色矮星に進化すると予想されます。

白色矮星に至る過程で、太陽は大きく膨《ふく》れて赤色巨星の時代を経ます。

赤色巨星になった太陽に地球本体が呑み込まれるかどうかはまだ研究者の間でも意見が分かれています。地球が太陽風を受けて遠ざかり、呑み込まれずにすむかもしれません。

とはいえ、地球本体が難を逃れても、太陽が赤色巨星になるような激変を生き延びられる生物種はほとんどないでしょう。すわ大惨事、という気がするかもしれませんが、生物種の平均寿命は1億年もないので、赤色巨星になるずっと前に人類は別の原因で絶滅している可能性が高いです。

そういう意味では、地球が50億年後に太陽に呑み込まれるかどうかは、人類にとってあまり問題にならないでしょう。別の絶滅原因を心配したほうがよさそうです。

周りに黒焦げの惑星を従えた白色矮星は、天の川銀河の中を放浪します。最初は余熱で光っているかもしれませんが、1億年ほどで冷えます。白色矮星は安定な物体なので、その後はほとんど変化することなく、何億年も何兆年も宇宙をさまよい

これから太陽は、どうなるのか？

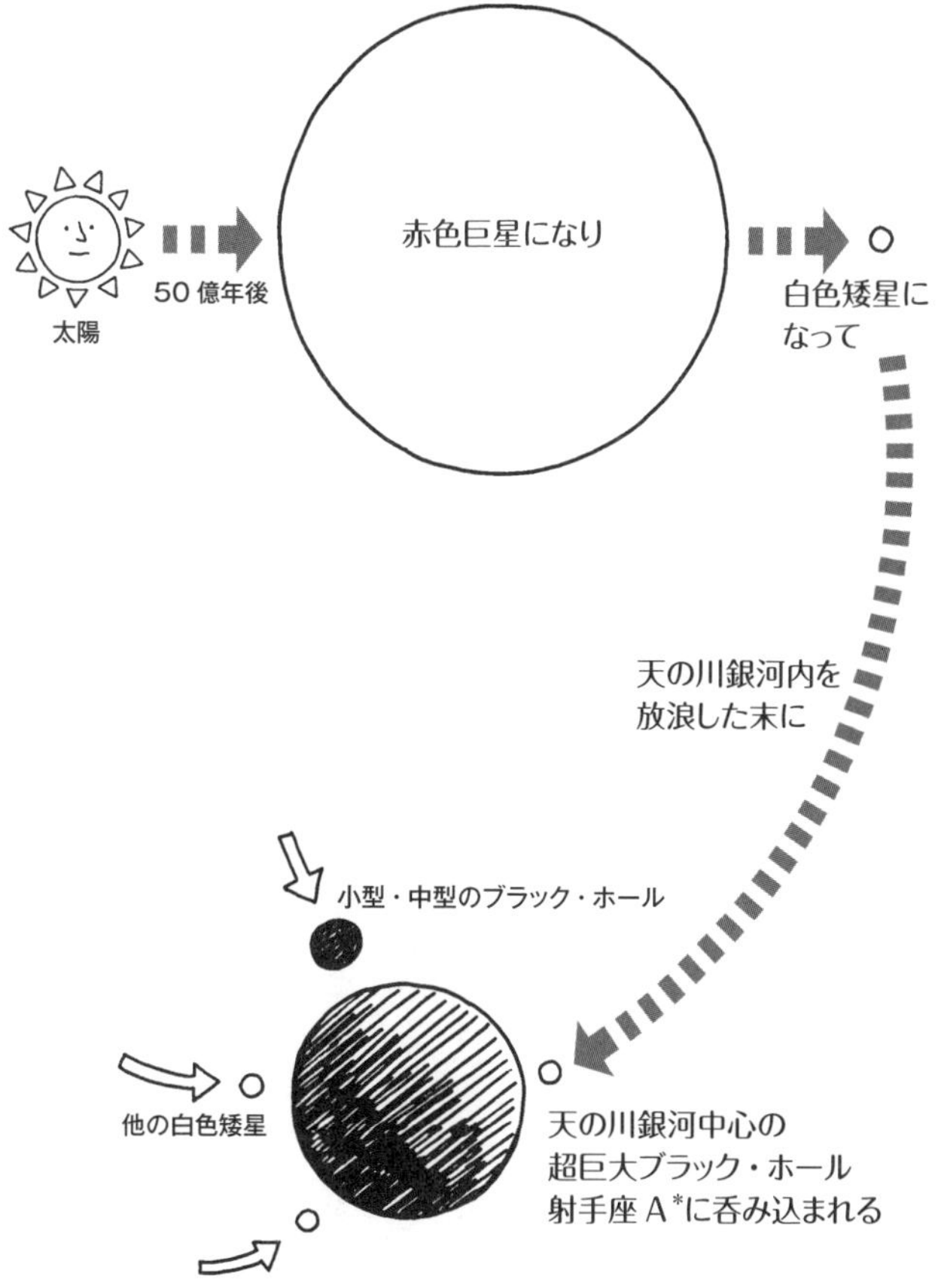
太陽
50 億年後
赤色巨星になり
白色矮星に
なって
天の川銀河内を
放浪した末に
小型・中型のブラック・ホール
他の白色矮星
天の川銀河中心の
超巨大ブラック・ホール
射手座 A*に呑み込まれる

続けるでしょう。

その成分は主に炭素原子です。太陽は宇宙に浮かぶ巨大なダイヤモンドになると説明する人もいます。

これが恒星進化の理論から予想される太陽系の未来図です。

今輝いている恒星はいずれ白色矮星になるか、質量が大きければ超新星爆発を起こしています。あとに中性子星かブラック・ホールが残る場合もあります。天の川銀河の中には、活動を終えたそういう小さな星が次第に増えていくでしょう。

銀河を満たす暗くて小さな星々は、放浪するうち、ときおりニアミスを起こします。

本当に衝突事故を起こすことも稀にあって、だいぶ暗くなった銀河を一瞬華々しく照らすでしょう。

しかし多くの場合は星々が急接近してすれ違い、重力をおよぼし合い、進行方向を変えてまた急速に離れていくでしょう。こういうニアミスが重なると、星々は一種の摩擦によって、次第に銀河中心に接近していきます。（逆に、銀河系から弾き飛ばされる星もわずかにあります。）

天の川銀河の中心部に引き寄せられていく星を待ち受けるのは、銀河系内最大のモンスター、太陽質量の370万倍の超巨大ブラック・ホール、射手座A*《エースター》です。星々を潮汐力で引き千切り、降着円盤に変え、凄まじい熱を放射しながら呑み込みます。

私たちの太陽は、やがては射手座A*に吸収され、その一部となってしまうでしょう。

46 天の川銀河は「超々巨大ブラック・ホール」になる

天の川銀河の主、超巨大ブラック・ホール、射手座A*は、星々を呑み込みながら徐々に成長しています。

いったいどこまで大きくなるのでしょうか。そのうち天の川銀河の星々をすべて呑み込んでしまうのではないでしょうか。

はい、射手座A*はしまいに天の川銀河の物質をすべて呑み込んでしまうと予想されます。これを食い止める宇宙のメカニズムが今のところ見当たりません。

天の川銀河に属する約1000億の恒星は、やがては核燃料を使い果たして白色矮星になるか、超新星爆発で粉微塵《こなみじん》に消し飛ぶか、あるいは重力崩壊を経て中性子星かブラック・ホールになります。そしてしばらく天の川銀河の中をぐるぐる周回した後、射手座A*の餌になります。食べられる瞬間、X線や可視光や電波や粒子線を放出して、最期の輝きを放つことでしょう。

天の川銀河内に星間ガスとして存在する物質は、やがては星を形成するか、あるいはガスのまま、やはり射手座A*に呑み込まれると思われます。

そうすると、天の川銀河の物質は長い長い時間をかけて射手座A*の餌となり、しまいには何もかもすべて食べ尽くされてしまうでしょう。恐ろしく貪欲なモンスターです。

通常の物質の5倍も存在しているダーク・マターもまたモンスターからは逃れれず、超巨大ブラック・ホールに呑み込まれると思われます。ダーク・マターは通常物質よりも長生きするかもしれませんが、最終的には射手座A*の肥やしとなるでしょう。

そうすると、天の川銀河は遠い将来、1個の超々巨大ブラック・ホールと化すと予想されます。その質量は太陽の1兆倍、シュヴァルツシルト半径は約2000天文単位、光速で4カ月の長さです。

残るのは、星々のニアミスによって天の川銀河の外に弾き飛ばされた、わずかな白色矮星や中性子星や太陽質量程度のブラック・ホールでしょう。それらは星もガスもない銀河間空間を孤独な軌道を描いて飛んでいます。

このころ、夜空には恒星もよその銀河も見当たりません。真っ黒なブラック・ホールがそこかしこに浮いているだけです（が見えません）。極めて寂しい荒涼とした光景です。

もっとも、どの銀河にも生命は生き残っていないので、寂しいと感じる知的存在もないでしょう。

この寂しい光景に到達するまでにはどれほどの年月がかかるでしょうか。

射手座A*《エースター》はこれまでの138億年で太陽質量の370万倍に成長しました。大雑把な推定ですが、この成長率がいつまでも続くとすると、約4000兆年で、天の川銀河の質量がすべて呑み込まれる計算になります。

ところで説明を単純にするために略しましたが、この天の川銀河はあと30億年ほどで、アンドロメダ銀河と衝突・合体し、1個の巨大な楕円銀河になると予想されています。

アンドロメダ銀河の中心にはやはり超巨大ブラック・ホールが存在していることがわかっていて、その質量は太陽の1億倍、射手座A*を上回る化け物です。

天の川銀河とアンドロメダ銀河の衝突・合体の後、超巨大ブラック・ホールどうしもまた接近し、衝突・合体すると思われます。きっと凄まじいスペクタクルでしょう。

そういう事情を考慮すると、天の川銀河の質量がすべて呑み込まれるまで4000兆年という計算は何桁も違ってきますが、結論は変わらず、天の川銀河とアンドロメダ銀河の全質量は1個の超々巨大ブラック・ホールになり果てるでしょう。

47 星も銀河もない「ブラック・ホールだけの宇宙」

星も銀河もない真っ暗な空間に、超々巨大ブラック・ホールが点在するという、文字どおりお先真っ暗な未来がこの宇宙に待ち受けています。

けれども、ブラック・ホールは完全に真っ暗というわけではないようだ、というのがケンブリッジ大のスティーヴン・ホーキング博士（１９４２－）の発見です。光も脱出できないといわれるブラック・ホールからは「ホーキング放射」なるものが出るというのです。

１９７３年、学術雑誌『フィジカル・レビューD』に、ブラック・ホールに関する奇妙な論文が掲載されました。プリンストン大の大学院生（現ヘブライ大教授）ヤコブ・ベッケンシュタイン（１９４７－）によるその論文は、ブラック・ホールが温度を持つという、常識外れで理解しがたい主張を述べたものでした（注1）。

ホーキング博士はその途方もない主張を一蹴しようと考えました。もしもブラック・ホールが温度を持つならば、温度に応じて黒体放射をするはずだからです。（1章を思い出してください。高温の初期宇宙は強い黒体放射に満たされていました。現在の宇宙は低温なので、弱い黒体放射、別名宇宙マイクロ波背景放射に満たされています。）

いやいや待てよ、とホーキング博士は思い直し、量子力学をブラック・ホールに当てはめて、（ホーキング博士にとっては）簡単な見積もりを行ないました。そしてその結果に自ら驚きました。

ブラック・ホールは確かに温度を持ち、それに応じた黒体放射をするのです。

ホーキング博士は自分の計算を『ブラック・ホールの爆発？』と題した論文にしたてて『ネイチャー』に送りました。

ホーキング博士の発見を、わかりやすく解釈し直して説明すると、次のようになります。

光は光子という粒子の性質も持っています。そして量子力学というものによると、光子の位置とエネルギーを同時に精確に決めることはできません。光子のエネルギーをなんらかの方法で測定したり決めたりすると、位置が不確定になります。エネルギーを極めて精確に測ると、位置がはなはだ不精確になり、どこにいるかわからなくなります。これは人間の技術の限界について述べたものではなく、物理法則です。世界はこのようにできているのです。

エネルギーの低い光子は、エネルギーを測ってやると、これは精確に測らざるを得ないので、それだけで位置が不確定になります。そうすると、極めてエネルギーの低い光子は、極めて位置が不確定になります。光子の位置の不確定性はその波長程度になります。

一方、光も脱出できないといわれるブラック・ホールですが、その大きさはシュヴァルツシルト半径程度なので、波長がシュヴァルツシルト半径よりも大きな光子は閉じ込めておけません。そういう光子はブラック・ホールからある確率で抜け出してきます。

結局、ブラック・ホールはシュヴァルツシルト半径程度の波長の光を放射することになります。これは黒体放射として観測されます。黒体放射の観測から、放射源の温度を決めることができ、ブラック・ホールが温度を持つことが結論されます。真っ暗だと思われていたブラック・ホールは、わずかながら光を放つのです。この光は「ホーキング放射」と呼ばれます。

さてホーキング博士の発見はこれだけで常識を超えていますが、この先の論理はさらに驚天動地です。

注1 大学院生ベッケンシュタインの論文の要旨は、ブラック・ホールが「エントロピー」を持つというものでした。エントロピーとは熱力学や統計力学に現れる物理量です。説明を簡単にするため、ここではエントロピーのかわりにブラック・ホールの温度について述べます。エントロピーを持つ物体は温度も持つことが結論されるからです。

48 ブラック・ホールの「最期」は蒸発してなくなる

ブラック・ホールの温度は、通常の物質と全然異なります。

なんとブラック・ホールは、物質を呑み込みエネルギーを供給されて巨大に成長するほど、温度が低くなるのです。

これは、巨大なブラック・ホールほどシュヴァルツシルト半径が大きく、そこから放射される光の波長が長くなるため、と説明できます。低温の物体ほど、長い波長の黒体放射を出すのです。

もしも私たちの太陽がブラック・ホールになったら、そのシュヴァルツシルト半径は3キロメートルとなり、温度は絶対零度からわずか1億分の6度高いだけです。

温度の単位として、なんだかわかりにくい表現をしましたが、「絶対零度」は熱エネルギーがゼロになる究極の低温で、摂氏で表わすとマイナス273・15度に相当します。これより低い温度は（熱力学的に正常な系では）あり得ません。

ここからは話を簡単にするため、絶対零度から何度高いかで温度を表わす「絶対温度」を用いましょう。単位は「ケルビン」です。これだと、絶対零度は０ケルビン、太陽質量のブラック・ホールの温度は１億分の６ケルビン、０度は２７３・15ケルビンです。摂氏からケルビンへの換算は、２７３・15を足すだけです。

さてブラック・ホール天体白鳥座Ｘ－１の質量は太陽の30倍以上と見積もられています。このブラック・ホールの温度はさらに低く、10億分の２ケルビンです。絶対零度にさらに近づいたわけです。２×10^{-9}ケルビンと表記したほうがすっきりすると感じる人もいるかもしれません。

超巨大ブラック・ホール射手座A*となるともうなんだかわけがわからないほど低温で、１００兆分の２ケルビン、あるいは２×10^{-14}ケルビンです。

これが天の川銀河の物質やらダーク・マターを呑み込んで成長すると、さらに想像を絶する低温となり、１京分の１の１万分の２ケルビン、つまり２×10^{-20}ケルビンです。

こんな温度の黒体放射はあるんだかないんだかわからないほどです。

現在、宇宙は2・7255ケルビンの宇宙マイクロ波背景放射に満たされていますが、このほうがずっと明るいです。ホーキング放射は大変頼りない微弱な放射です。

けれども、巨大なブラック・ホールほど温度が低いということは、小さなブラック・ホールは温度が高いということです。

そして目に見えてホーキング放射が強力な、極小のブラック・ホールでは、奇妙な逆転現象が起きます。

ブラック・ホールがホーキング放射でエネルギーを失うと、ブラック・ホールは縮み、ますますホーキング放射が強くなります。そしてますますブラック・ホールは縮み、ますます放射は強くなり、この現象は暴走し、しまいに微粒子ほどに縮んだブラック・ホールは極めて強力な放射を撒き散らして消滅します。マイクロ・ブラック・ホールの爆発、あるいは蒸発と呼ばれる現象です。

ブラック・ホールの蒸発とは?

ホーキング放射
ブラック・ホール
放射によってエネルギーを失ったブラック・ホールは質量が小さくなる
質量が小さくなるとブラック・ホールの温度が高まり、ますますホーキング放射が強まる
ただし、ホーキング放射で失うよりも速く、物(たとえば光)がブラック・ホールに供給されると、ブラック・ホールの質量は減らない
ボン
スティーヴン・ホーキング博士
最後にホーキング放射は爆発的に強まり、ブラック・ホールは消滅する

ホーキング博士が指摘したこの現象は、大反響を呼びました。ブラック・ホールに量子力学を適用する新しい手法で、真っ暗だと信じられていたブラック・ホールが黒体放射するという驚愕の結論が導かれること、そしてブラック・ホールは熱力学的に不安定な存在で、蒸発／爆発というワクワクの終末を迎えること、何もかもがセンセーショナルで知的興奮を沸き起こさせます。（ホーキング博士が筋萎縮性側索硬化症〈ＡＬＳ〉を患い、車椅子生活を送っていることも、人々の関心をいっそう盛り立てました。）

ベッケンシュタイン教授の発見したブラック・ホールのエントロピー（どういうわけかホーキング博士の名がつけ加わって、「ベッケンシュタイン・ホーキング・エントロピー」と呼ばれています）とあわせて、ブラック・ホールの熱力学的性質の一大研究ブームを引き起こし、「ブラック・ホール熱力学」という研究分野が生まれました。

そしてホーキング放射からは、遠い未来に銀河を呑み込む超々巨大ブラック・ホールが、最期に蒸発することが予想されるのです。

49 宇宙は膨張しながら、どんどん冷えていく

ブラック・ホールはホーキング放射で質量とエネルギーを失うと述べました。しかしホーキング放射する一方で、ブラック・ホールにどかどか物質やよそからの放射がなだれ込んでいるなら、ブラック・ホールは質量もエネルギーも失わず、かえって肥え太っていきます。

この宇宙に浮かぶブラック・ホールはどれもこれもそういう収入超過の状態にあって、徐々に成長していると思われます。

1京年後の遠い未来、銀河の物質やダーク・マターがすべて超々巨大ブラック・ホールの餌にされてなくなってしまったらどうでしょう。空っぽの宇宙に孤独に浮かぶ超々巨大ブラック・ホールの成長は止まるでしょうか。

いいえ、そういうほとんど空っぽの宇宙になったとき、ブラック・ホールの収入源

は宇宙背景放射だけとなるでしょう。

宇宙空間を満たす黒体放射、宇宙マイクロ波背景放射と現在呼ばれている電磁波が超々巨大ブラック・ホールに注ぎ、肥え太らせるというほどではありませんが、痩せ細るのを遅らせます。

宇宙の膨張につれて、宇宙を満たす黒体放射の温度は下がっていきます。これを宇宙の温度が下がるといっておきます。つまり宇宙は大きくなるほど冷たくなるわけです。

するとつまり、超々巨大ブラック・ホールの浴びる放射が弱くなっていきます。ある時点で、低下した宇宙の温度が超々巨大ブラック・ホールの温度を下回ります。いいかえると、宇宙背景放射が超々巨大ブラック・ホールのホーキング放射よりも弱くなります。

この逆転が起きる時期は、今後の宇宙膨張がどうなるかによります。

これまで138億年間、宇宙はほぼ等速で膨張してきました。この速度が続くなら、超々巨大ブラック・ホールが収支超過に陥るのは10^{30}年後ほどです。

一方、宇宙膨張がダーク・エネルギーにより加速するなら、逆転の時期はもっと早く、超々巨大ブラック・ホールがばりばり成長中の1京年ほどでやってきます。

呑み込む物質も放射もなくなると、超々巨大ブラック・ホールの蒸発がゆっくり進行します。

超々巨大ブラック・ホールからのホーキング放射は、もう人類のどんな鋭敏な検出器でも感じられないほど微弱なものです。それが長年にわたってシュヴァルツシルト半径から染み出して、超々巨大ブラック・ホールの途方もない質量を減少させるというのです。

落語の『寿限無《じゅげむ》』に、「五劫《ごこう》の擦り切れ」という怪しげな時間の単位が登場します。熊さんに赤子の名前を考えてほしいと頼まれた和尚さんによれば、

「一劫というのは、三千年に一度、天人《あま》が天くだって、下界の巌《いわお》を衣《ころも》でなでるのだが、その巌をなでつくしてすりきれてなくなってしまうのを一劫という(注1)」

とのことです。

「劫」は本来、大変に長い時間を指す古代インド哲学の用語「カルパ」に漢字をあ

てた「劫波」の略です。古代インド哲学者の説をとるか、和尚さんの解釈をとるかで、定義にゆらぎがありますが、いずれにせよ、人間の空想できる限りの長時間といえるのではないでしょうか。

しかし「五劫の擦り切れ」にせよ「劫」にせよ、超々巨大ブラック・ホールの蒸発にかかる時間に比べれば、一瞬も同然です。

計算によれば、超々巨大ブラック・ホールは、10^{100}年程度という途方もない時間をかけて蒸発します。

10^{100}年が経過すると、超々巨大ブラック・ホールはマイクロ・ブラック・ホールにまで縮み、宇宙のあちこちでぱちぱち爆発を起こして消滅します。宇宙最後の花火です。

注1 興津要編、1972、『古典落語 下』（講談社）

50 宇宙の「終わり」と「終わりのない」旅

10^{100}年後、超々巨大ブラック・ホールが蒸発し、宇宙のイベントはすべて終了します。あとは空っぽの宇宙空間が膨張しながら冷えていくだけで、何も事件は起こらないと考えられています。人類の知識では何も考えつきません。

243ページで宇宙の将来を図に示します。なんだか寂寞《せきばく》とした未来図ですね。

宇宙の未来はどうやって予想するのでしょうか。この寂寞とした予言はどれほど確かなのでしょうか。宇宙が膨張しているなら、今後もどんどん大きくなるのでしょうか。膨張はどこかで止まったり、あるいは収縮に転じたりしないのでしょうか。

宇宙が将来どうなるかは、一般相対性理論に基づいて予測されます。

一般相対性理論の解としては、いくつもの宇宙モデルがあり得ます。ある宇宙モデルはしばらく膨張した後収縮し、ある宇宙モデルはいつまでも膨張を広げます。どの宇宙モデルが現実の宇宙に当てはまるかは、観測データから判断しなければなりません。

そして宇宙に存在する物質量、ダーク・マターの量、ダーク・エネルギーの量などを観測から求め、方程式に代入してみると、宇宙膨張は加速こそすれ、止まりはしないようです。

銀河や銀河団やダーク・マターを内包する宇宙空間は広がり続け、銀河団と銀河団は互いに遠ざかり、銀河と銀河の間の距離は開いていくと予想されます。

ただしこの予想は、現在の限られた知識に基づくものです。

だいたい、この宇宙が無限なのか、それとも有限なのか、それすら私たちは知りません。半径470億光年の観測できる範囲より外側では、この宇宙が（アインシュタインの最初のイメージのように）閉じているのか、それともどこまでも無限に広がっているのか、まだわかっていないのです。

宇宙に「終わり」はあるのか？

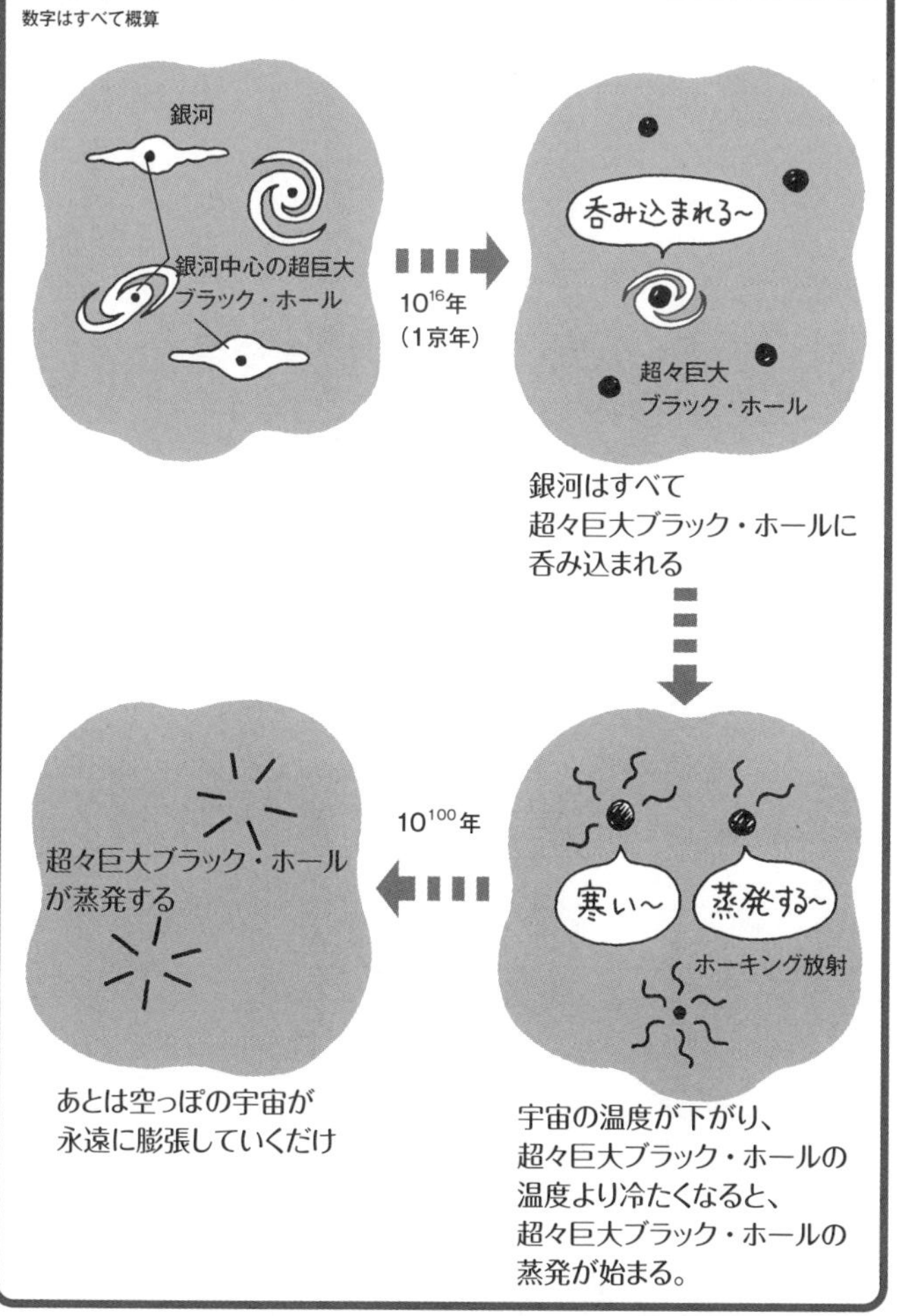

数字はすべて概算
銀河
銀河中心の超巨大
ブラック・ホール
10^{16}年
（1京年）
呑み込まれる～
超々巨大
ブラック・ホール
銀河はすべて
超々巨大ブラック・ホールに
呑み込まれる
寒い～
蒸発する～
ホーキング放射
宇宙の温度が下がり、
超々巨大ブラック・ホールの
温度より冷たくなると、
超々巨大ブラック・ホールの
蒸発が始まる。
10^{100}年
超々巨大ブラック・ホール
が蒸発する
あとは空っぽの宇宙が
永遠に膨張していくだけ

また、この宇宙は138億年前に「突然」出現し、インフレーションと呼ばれる爆発的膨張を経たと考えられています。138億年より以前、宇宙が「突然」出現する「前」が、いったいどうなっていたのかも、現在の私たちの理解を超えます。私たちの一般相対性理論と量子力学の扱える範囲は、せいぜいインフレーションまでです。宇宙の「出現」やその「前」は歯が立ちません。

おそらく一般相対性理論と量子力学を統一した「量子重力理論」ならば、宇宙の出現や、宇宙が有限か無限かといった問題に答えを出せると想像されていますが、量子重力理論はまだ完成していません。

筆者としては、ここまで宇宙は解明されたと高らかに宣言したいところですが、ここまで読まれておわかりのように、残念ながら人類の知識はまだまだ貧弱です。

最後に、これからの研究が明らかにしてくれるはずの、いまだ不明な宇宙の謎をあげておきます。こんなことがまだわからないのです。

・宇宙は有限なのか無限なのか。
・通常物質の5倍もあるダーク・マターの正体は何か。
・宇宙の7割を占めるダーク・エネルギーとはいったい何か。
・宇宙はどうして始まったのか。
・量子力学と一般相対性理論を統合する理論はどのようなものか。

本書は、本文庫のために書き下ろされたものです。

小谷太郎（こたに・たろう）
一九六七年、東京都生まれ。東京大学理学部物理学科卒。博士（理学）。専門は宇宙物理学。理化学研究所、ＮＡＳＡゴダード宇宙飛行センター、東工大、早稲田大学研究員などを経て大学教員。主な著書に『宇宙一わかりやすい相対性理論』（すばる舎）『サイエンスジョーク』（亜紀書房）『理系あるある』（幻冬舎）などがある。

知的生きかた文庫

知《し》れば知《し》るほど面白《おもしろ》い宇宙《うちゅう》の謎《なぞ》

著　者　小谷《こたに》太郎《たろう》
発行者　押鐘太陽
発行所　株式会社三笠書房
〒一〇二―〇〇七二　東京都千代田区飯田橋三―三―一
電話〇三―五二二六―五七三四〈営業部〉
　　〇三―五二二六―五七三一〈編集部〉
http://www.mikasashobo.co.jp
印刷　誠宏印刷
製本　若林製本工場

© Taro Kotani, Printed in Japan

ISBN978-4-8379-8296-8 C0144

＊本書のコピー、スキャン、デジタル化等の無断複製は著作権法上での例外を除き禁じられています。本書を代行業者等の第三者に依頼してスキャンやデジタル化することは、たとえ個人や家庭内での利用であっても著作権法上認められておりません。
＊落丁・乱丁本は当社営業部宛にお送りください。お取替えいたします。
＊定価・発行日はカバーに表示してあります。

知的生きかた文庫

なぜかミスをしない人の思考法

中尾政之

「まさか」や「うっかり」を事前に予防し、時にはミスを成功につなげるヒントとは――「失敗の予防学」の第一人者がこれまでの研究成果から明らかにする本。

時間を忘れるほど面白い雑学の本

竹内　均【編】

1分で頭と心に「知的な興奮」！　身近に使う言葉や、何気なく見ているものの面白い裏側を紹介。毎日がもっと楽しくなるネタが満載の一冊です！

頭のいい説明「すぐできる」コツ

鶴野充茂

「大きな情報→小さな情報の順で説明する」「事実＋意見を基本形にする」など、仕事で確実に迅速に「人を動かす話し方」を多数紹介。ビジネスマン必読の1冊！

「1冊10分」で読める速読術

佐々木豊文

音声化しないで1行を1秒で読む、瞬時に行末と次の行頭を読む、漢字とカタカナだけを高速で追う……あなたの常識を引っ繰り返す本の読み方・生かし方！

今日から「イライラ」がなくなる本

和田秀樹

「むやみに怒らない」は最高の成功法則！　イライラ解消法から気持ちコントロール法まで、仕事や人間関係を「今すぐ快適にする」コツが満載！　心の免疫力が高まる本。

C50221